Imagine Infinite!

창의영재수학

아이앤아이

문제해결력

제주도 편

창의영재수학

아이앤아이

01 수학 여행 테마로 수학 사고력 활동을 자연스럽게 이어갈 수 있도록 하였습니다.

02 키즈 - 입문 - 초급 - 중급 - 고급으로 이어지는 단계별 창의 영재 수학 학습 시리즈입니다.

03 각 챕터마다 기초 - 심화 - 응용의 문제 배치로 쉬운 것부터 차근차근 문제해결력을 향상시킵니다.

04 각종 수학 사고력, 창의력 문제, 지능검사 문제, 대회 기출 문제 등을 체계적으로 정밀하게 다듬어 정리하였습니다.

05 과학, 음악, 미술, 영화, 스포츠 등에 관련된 융합형(STEAM)수학 문제를 흥미롭게 다루었습니다.

06 단계적 학습으로 창의적 문제해결력을 향상시켜 영재교육원에 도전해 보세요.

창의영재가 되어볼까?

교재 구성

키즈 (6세 7세 초1)	A(수)	B(연산)	C(도형)	D(측정)	E(규칙)	F(문제해결력)	G(워크북)
	수와 숫자 수 비교하기 수 규칙 수 퍼즐	가르기와 모으기 덧셈과 뺄셈 식 만들기 연산 퍼즐	평면도형 입체도형 위치와 방향 도형 퍼즐	길이와 무게 비교 넓이와 들이 비교 시계와 시간 부분과 전체	패턴 이중 패턴 관계 규칙 여러 가지 규칙	모든 경우 구하기 분류하기 표와 그래프 추론하기	수 연산 도형 측정 규칙 문제해결력

입문 (초1~3)	A(수와 연산)	B(도형)	C(측정)	D(규칙)	E(자료와 가능성)	F(문제해결력)	G(워크북)
	수와 숫자 조건에 맞는 수 수의 크기 비교 합과 차 식 만들기 벌레 먹은 셈	평면도형 입체도형 모양 찾기 도형 나누기와 움직이기 쌓기나무	길이 비교 길이 재기 넓이와 들이 비교 무게 비교 시계와 달력	수 규칙 여러 가지 패턴 수 배열표 암호 새로운 연산 기호	경우의 수 리그와 토너먼트 분류하기 그림 그려 해결하기 표와 그래프	문제 만들기 주고 받기 어떤 수 구하기 재치있게 풀기 추론하기 미로와 퍼즐	수와 연산 도형 측정 규칙 자료와 가능성 문제해결력

초급 (초3~5)	A(수와 연산)	B(도형)	C(측정)	D(규칙)	E(자료와 가능성)	F(문제해결력)
	수 만들기 수와 숫자의 개수 연속하는 자연수 가장 크게, 가장 작게 도형이 나타내는 수 마방진	색종이 접어 자르기 도형 붙이기 도형의 개수 쌓기나무 주사위	길이와 무게 재기 시간과 들이 재기 덮기와 넓이 도형의 둘레 원	수 패턴 도형 패턴 수 배열표 새로운 연산 기호 규칙 찾아 해결하기	가짓수 구하기 리그와 토너먼트 금액 만들기 가장 빠른 길 찾기 표와 그래프(평균)	한붓 그리기 논리 추리 성냥개비 다른 방법으로 풀기 간격 문제 배수의 활용

중급 (초4~6)	A(수와 연산)	B(도형)	C(측정)	D(규칙)	E(자료와 가능성)	F(문제해결력)
	복면산 수와 숫자의 개수 연속하는 자연수 수와 식 만들기 크기가 같은 분수 여러 가지 마방진	도형 나누기 도형 붙이기 도형의 개수 기하판 정육면체	수직과 평행 다각형의 각도 접기와 각 붙여 만든 도형 단위 넓이의 활용	규칙성 찾기 도형과 연산의 규칙 규칙 찾아 개수 세기 교점과 영역 개수 수 배열의 규칙	경우의 수 비둘기집 원리 최단 거리 만들 수 있는, 없는 수 평균	논리 추리 님 게임 강 건너기 창의적으로 생각하기 효율적으로 생각하기 나머지 문제

고급 (초6~중등)	A(수와 연산)	B(도형)	C(측정)	D(규칙)	E(자료와 가능성)	F(문제해결력)
	연속하는 자연수 배수 판정법 여러 가지 진법 계산식에 써넣기 조건에 맞는 수 끝수와 숫자의 개수	입체도형의 성질 쌓기나무 도형 나누기 평면도형의 활용 입체도형의 부피, 겉넓이	시계와 각도 평면도형의 활용 도형의 넓이 거리, 속력, 시간 도형의 회전 그래프 이용하기	암호 해독하기 여러 가지 규칙 여러 가지 수열 연산 기호 규칙 도형에서의 규칙	경우의 수 비둘기집 원리 입체도형에서의 경로 영역 구분하기 확률	홀수와 짝수 조건 분석하기 다른 질량 찾기 뉴튼산 작업 능률

책의 구성과 활용

단원들어가기

친구들의 수학여행(MathTravel)과 함께 단원이 시작됩니다. 여행지에서 수학문제를 발견하고 창의적으로 해결해 나갑니다.

아이앤아이 수학여행 친구들

여행 중에 만난 수학 관련 문제들을 푸는 친구들입니다.

무우

팀의 맏리더. 행동파 리더.

상상

팀의 챙김이 언니, 아이디어 뱅크.

알알

진지하고 생각많은 똘똘이 알알이.

제이

궁금한게 많은 막내 엉뚱이 제이.

소단원 A

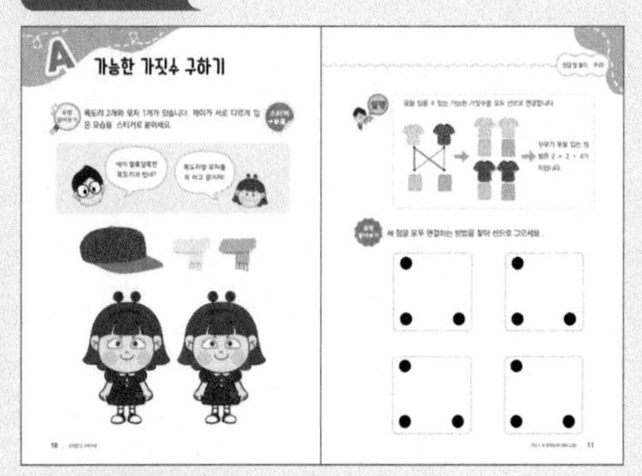

소단원 A의 내용을 공부합니다.

확인하기

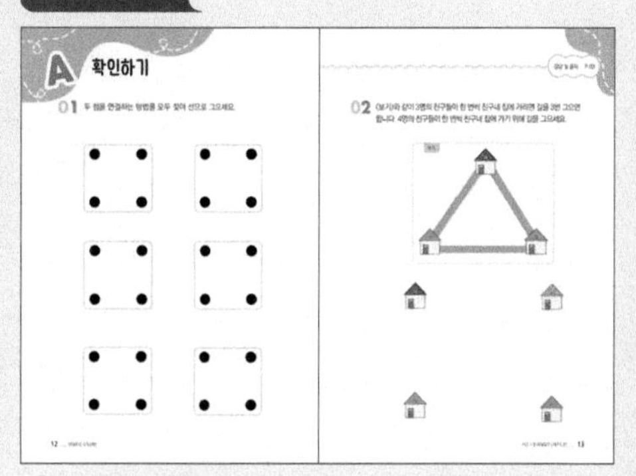

소단원 A에 관한 '확인하기' 문제를 풉니다.

소단원 B

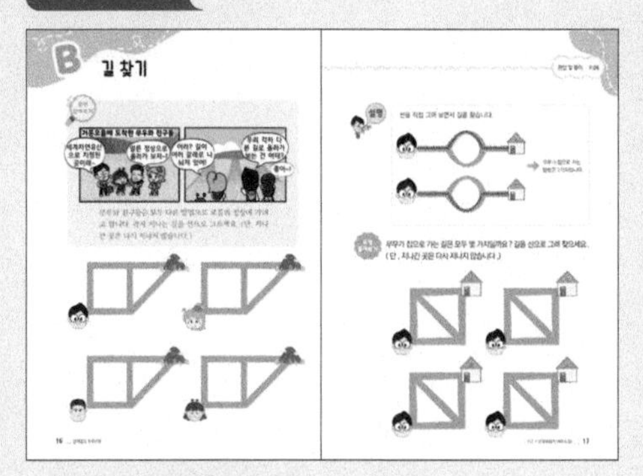

소단원 B의 내용을 공부합니다.

확인하기

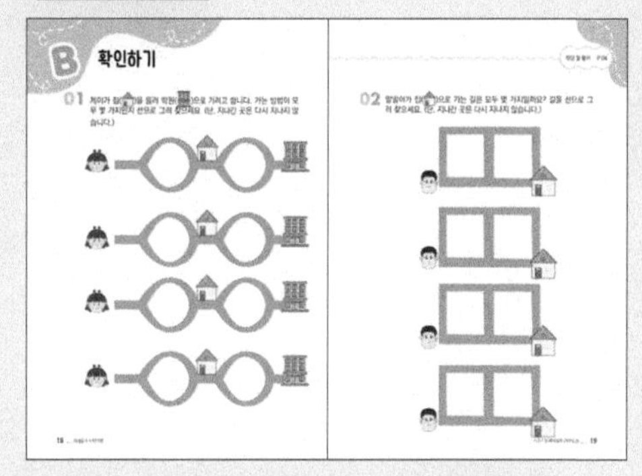

소단원 B에 관한 '확인하기' 문제를 풉니다.

소단원 C

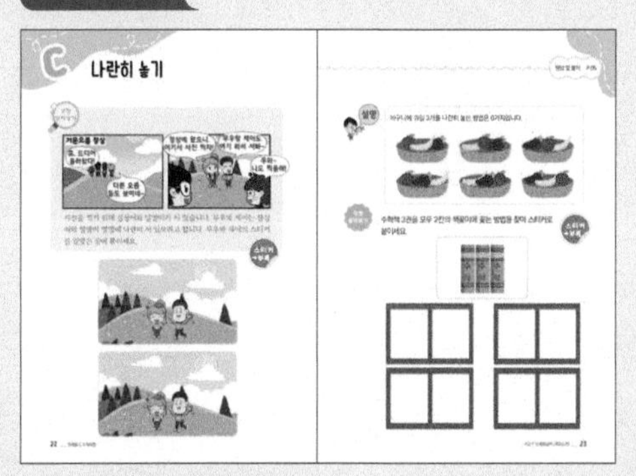

소단원 C의 내용을 공부합니다.

확인하기

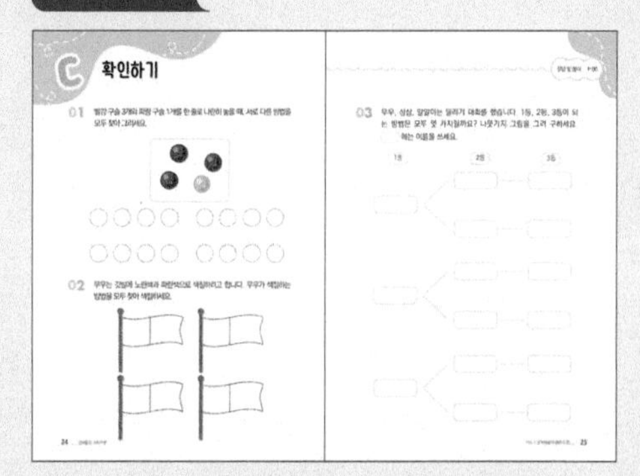

소단원 C에 관한 '확인하기' 문제를 풉니다.

실력 쑥쑥 키우기

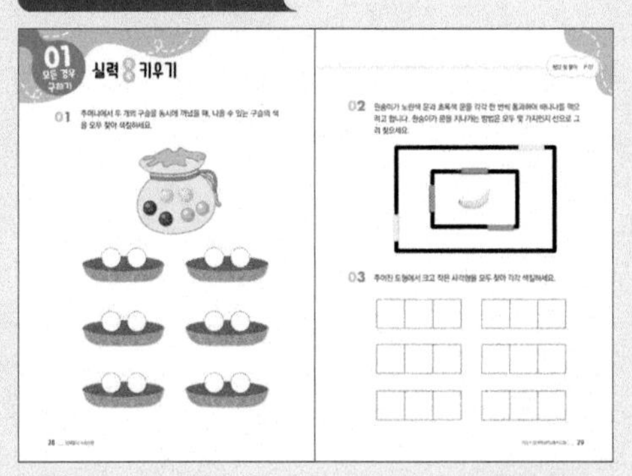

소단원 A, B, C에 관한 심화, 응용문제를 풉니다.

정답 및 풀이

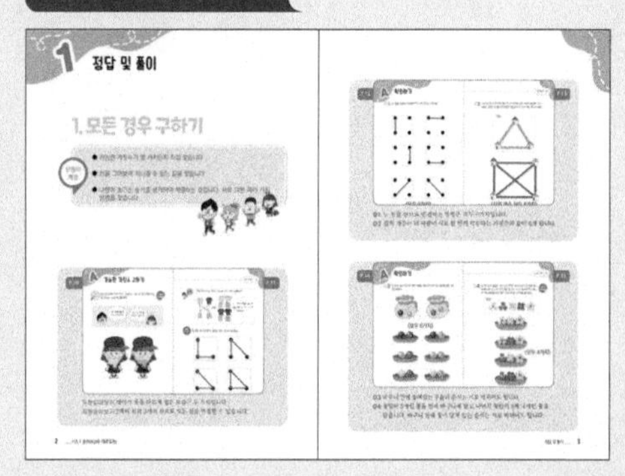

상세한 풀이과정과 함께 수학적 사고력을 완성합니다.

차례 CONTENTS

키즈 6세 7세 초1 F 문제해결력

돈을 내는 방법?

우리 지우개
한 개씩 사자!
좋아! 한 개
에 800원이네~
난 500원 1개
랑 100원 3개로
계산해야지~
100원 8개를
내도 괜찮지?

1. 모든 경우 구하기

제주도에 도착한 무우와 친구들

제주도에 왔으니 오름에 가볼까?

오름이 뭐야?

제주도에서 봉우리나 산을 부르는 말이야~

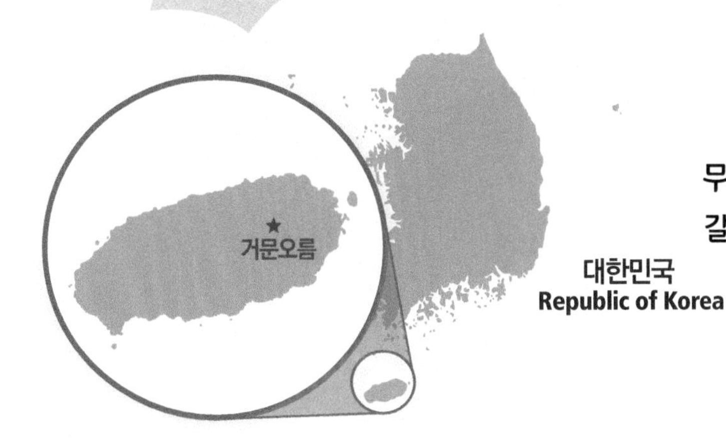

제주도 첫째 날 DAY 1

무우와 친구들은 제주도 여행 첫째 날, <거문오름>에 갈 예정이에요. <거문오름> 에서 만날 수학 문제에는 어떤 것들이 있을까요?

즐거운 수학여행 출발~!

가능한 가짓수 구하기

목도리 2개와 모자 1개가 있습니다. 제이가 서로 다르게 입은 모습을 스티커로 붙이세요.

색이 알록달록한
목도리가 있네?

목도리랑 모자를
꼭 하고 갈거야!

옷을 입을 수 있는 가능한 가짓수를 모두 선으로 연결합니다.

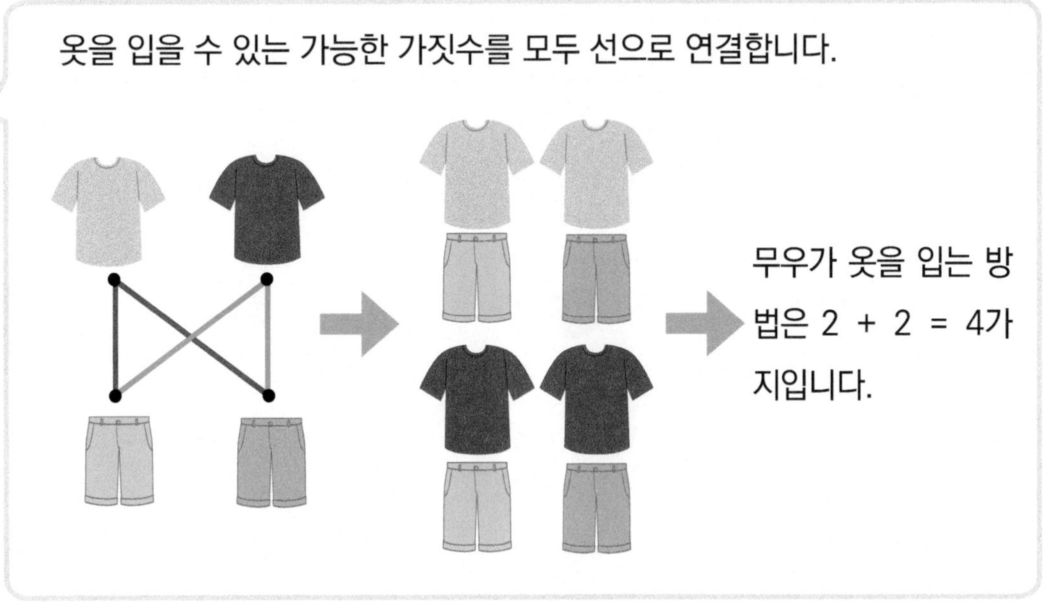

세 점을 모두 연결하는 방법을 찾아 선으로 그으세요 .

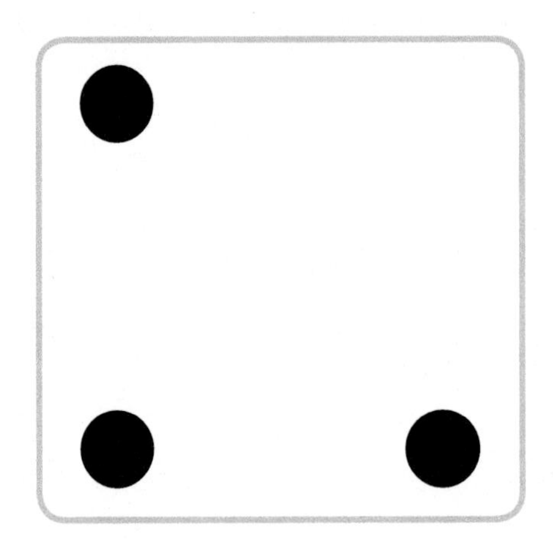

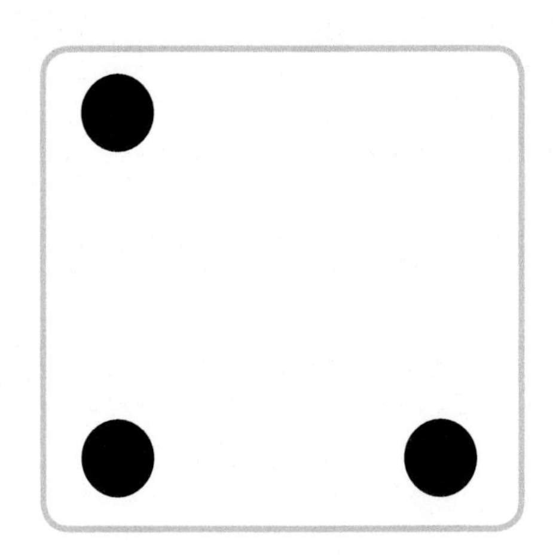

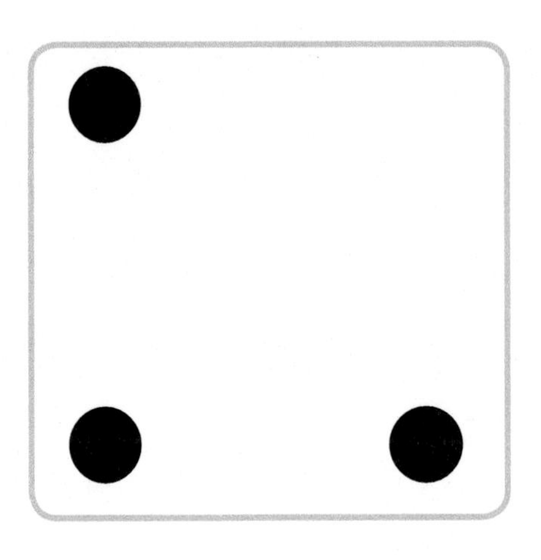

A 확인하기

01 두 점을 연결하는 방법을 모두 찾아 선으로 그으세요.

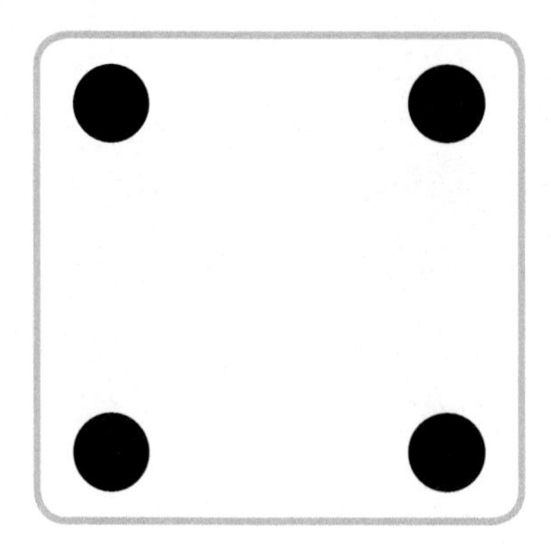
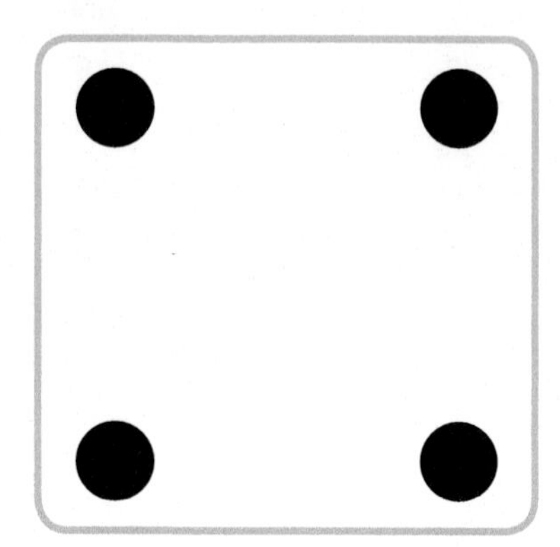
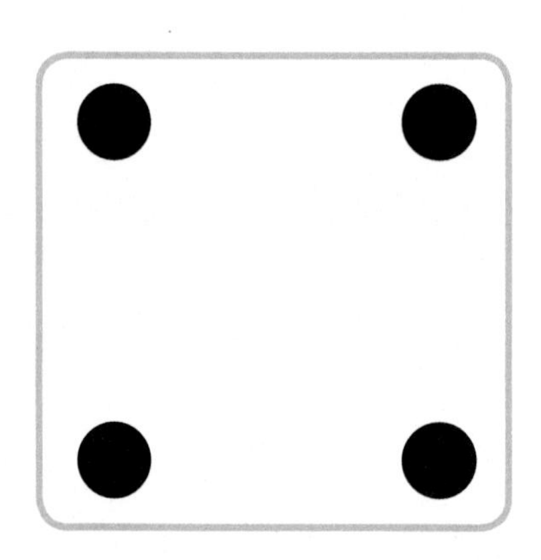
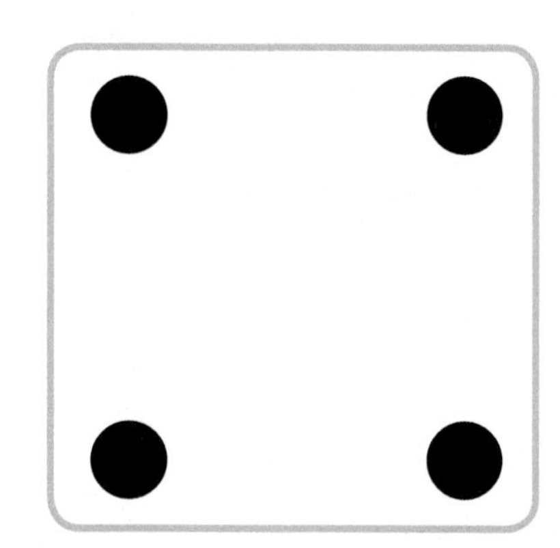
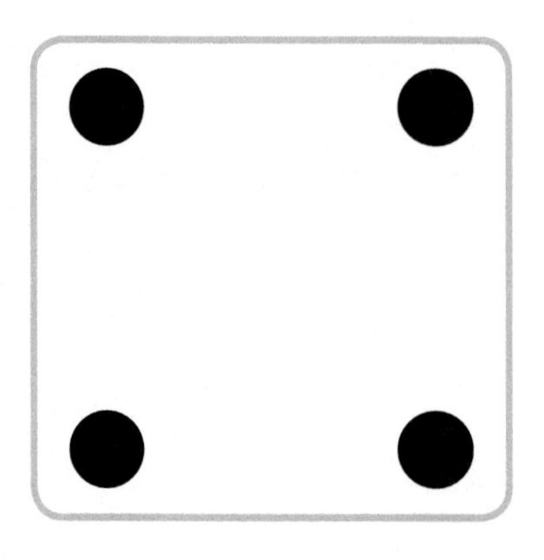
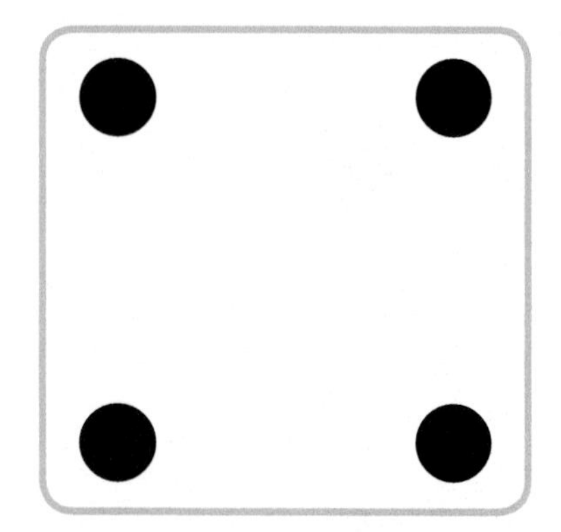

02 〈보기〉와 같이 3명의 친구들이 한 번씩 친구네 집에 가려면 길을 3번 그으면 됩니다. 4명의 친구들이 한 번씩 친구네 집에 가기 위해 길을 그으세요.

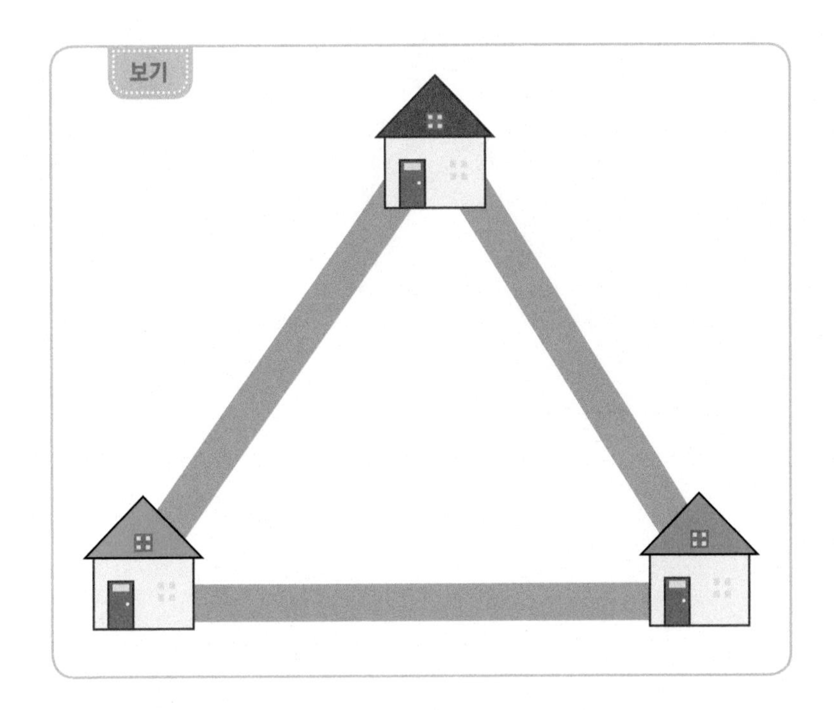

A 확인하기

03 두 주머니에서 각각 한 개의 구슬을 꺼내 바구니에 담는 방법을 모두 찾아 색칠하세요.

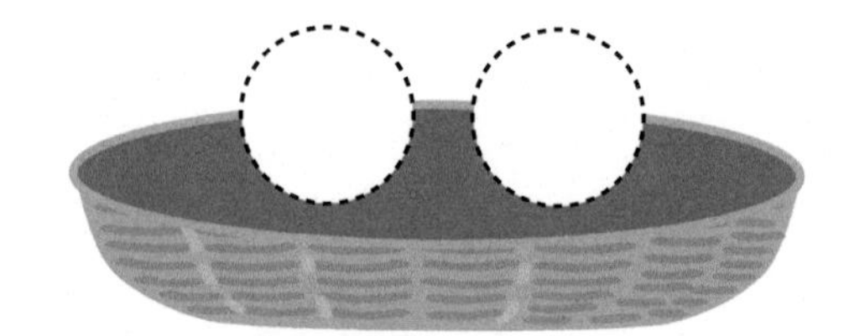

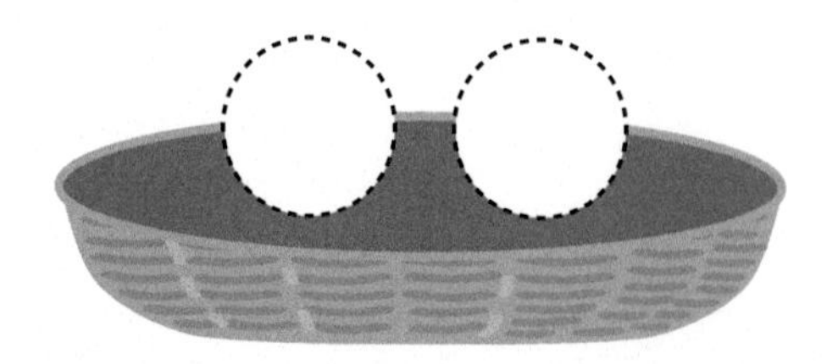
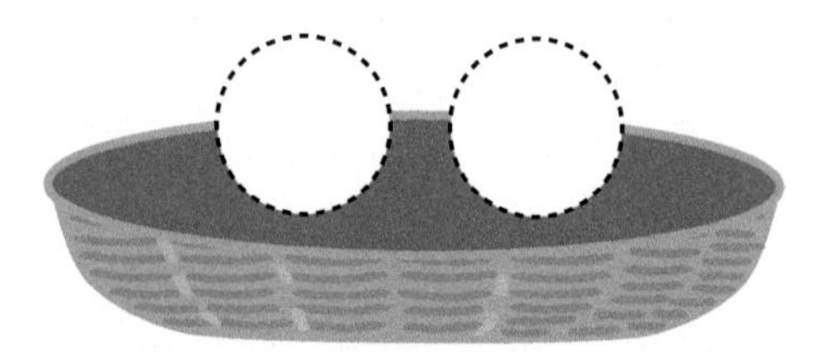

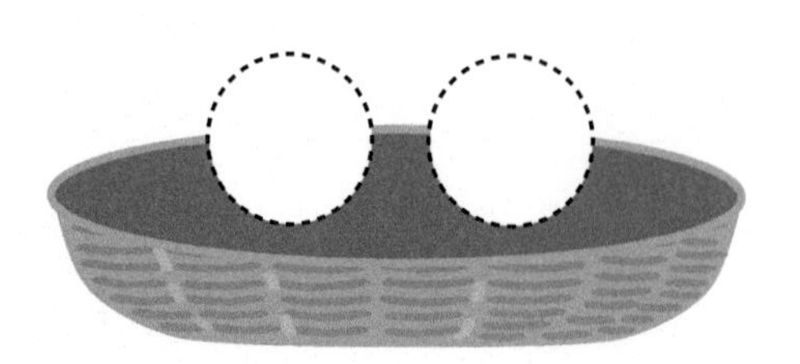
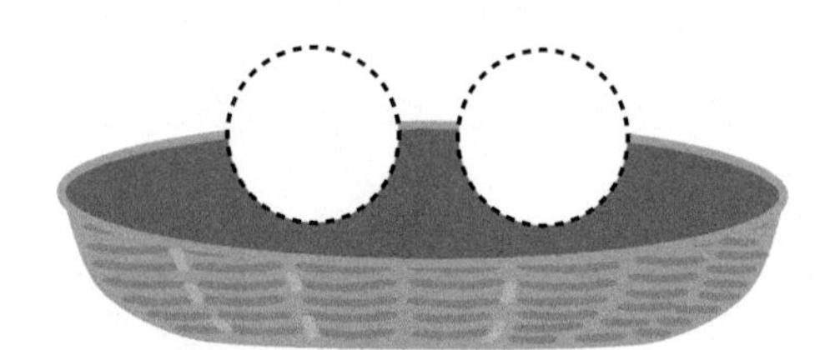

04

보기와 같이 꽃잎이 3개, 4개, 5개인 꽃이 모두 4개 있습니다. 꽃잎의 개수가 서로 다른 꽃을 한 개씩 바구니에 담으려고 합니다. 담는 방법을 모두 찾아 바구니에 꽃 스티커를 붙이세요.

B 길 찾기

유형 알아보기

무우와 친구들은 모두 다른 방법으로 오름의 정상에 가려고 합니다. 각자 지나는 길을 선으로 그으세요. (단, 지나간 곳은 다시 지나지 않습니다.)

정답 및 풀이 P.04

선을 직접 그어 보면서 길을 찾습니다.

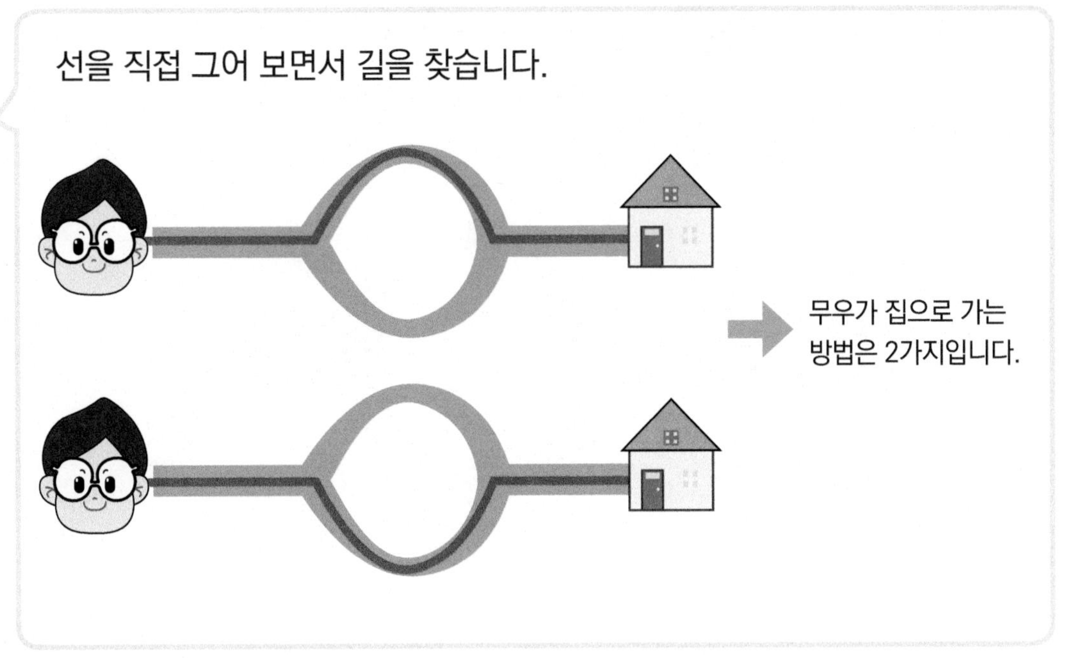

무우가 집으로 가는 방법은 2가지입니다.

유형 풀어보기

무우가 집으로 가는 길은 모두 몇 가지일까요? 길을 선으로 그려 찾으세요.
(단 , 지나간 곳은 다시 지나지 않습니다 .)

B 확인하기

01 제이가 집( )을 들러 학원( )으로 가려고 합니다. 가는 방법이 모두 몇 가지인지 선으로 그려 찾으세요. (단, 지나간 곳은 다시 지나지 않습니다.)

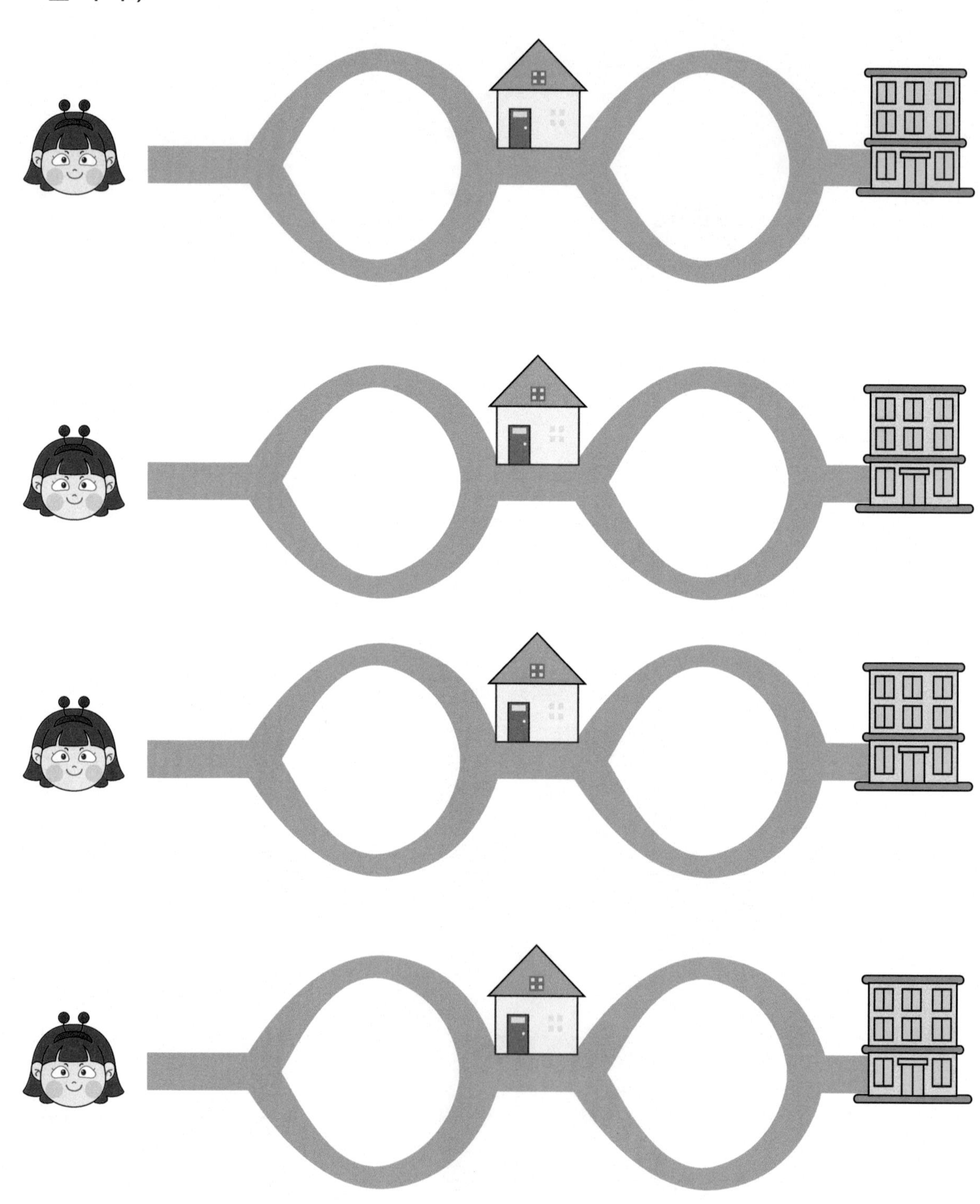

02 알알이가 집( )으로 가는 길은 모두 몇 가지일까요? 길을 선으로 그려 찾으세요. (단, 지나간 곳은 다시 지나지 않습니다.)

B 확인하기

03 상상이가 문방구( )를 들러 학교( )로 가는 길은 모두 몇 가지일까요? 길을 선으로 그려 찾으세요. (단, 지나간 곳은 다시 지나지 않습니다.)

04 제이가 무우네 집으로 가려고 합니다. 주어진 질문에 알맞은 정답을 적으세요.

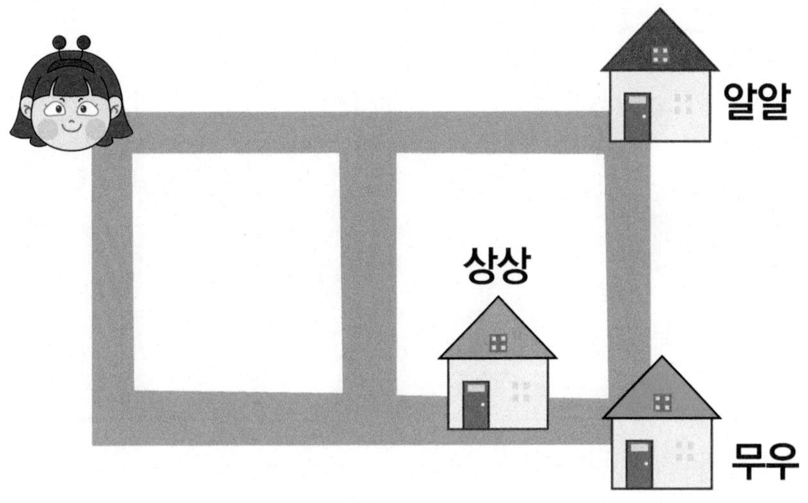

질문 1. 제이가 알알이네 집을 지나 무우네 집으로 가는 방법은 모두 몇 가지인가요?

정답 : ☐ 가지

질문 2. 제이가 상상이네 집을 지나 무우네 집으로 가는 방법은 모두 몇 가지인가요?

정답 : ☐ 가지

질문 3. 제이가 무우네 집으로 가는 방법은 모두 몇 가지인가요?

정답 : ☐ 가지

C 나란히 놓기

사진을 찍기 위해 상상이와 알알이가 서 있습니다. 무우와 제이는 상상이와 알알이 양옆에 나란히 서 있으려고 합니다. 무우와 제이의 스티커를 알맞은 곳에 붙이세요.

스티커 →부록

정답 및 풀이 P.05

바구니에 과일 3개를 나란히 놓는 방법은 6가지입니다.

수학책 3권을 모두 2칸의 책꽂이에 꽂는 방법을 찾아 스티커로 붙이세요.

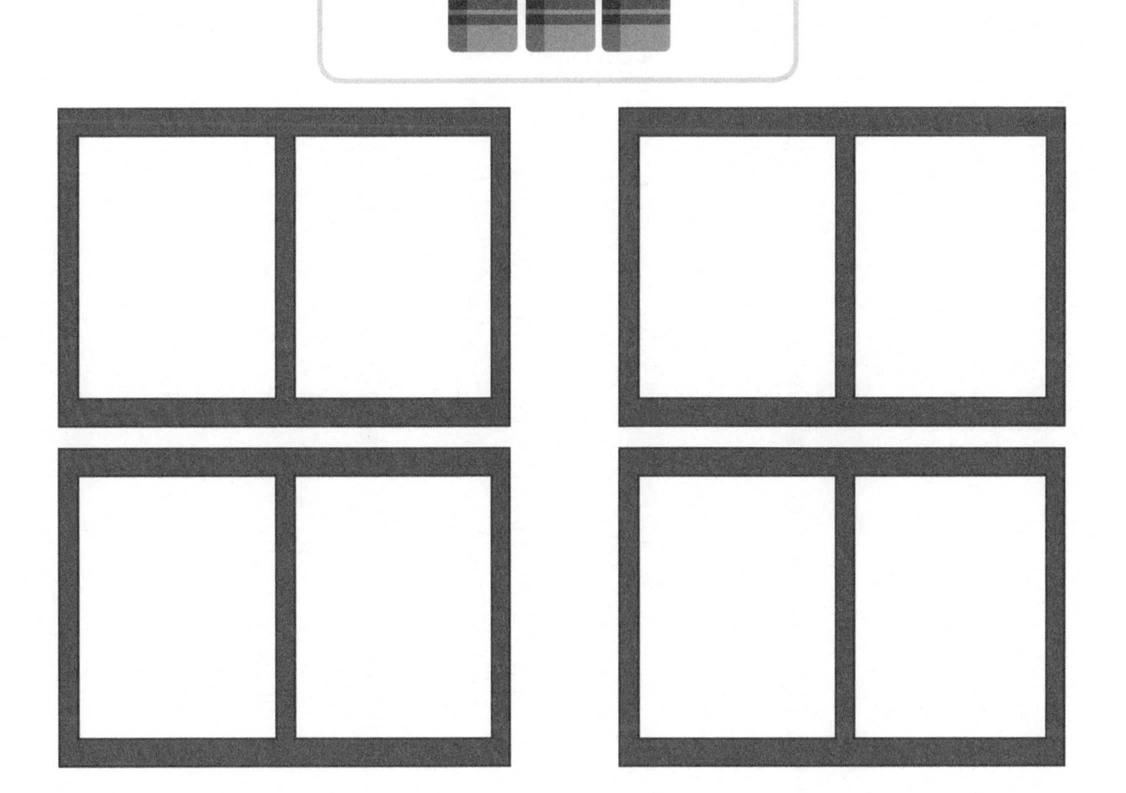

C 확인하기

01 빨강 구슬 3개와 파랑 구슬 1개를 한 줄로 나란히 놓을 때, 서로 다른 방법을 모두 찾아 그리세요.

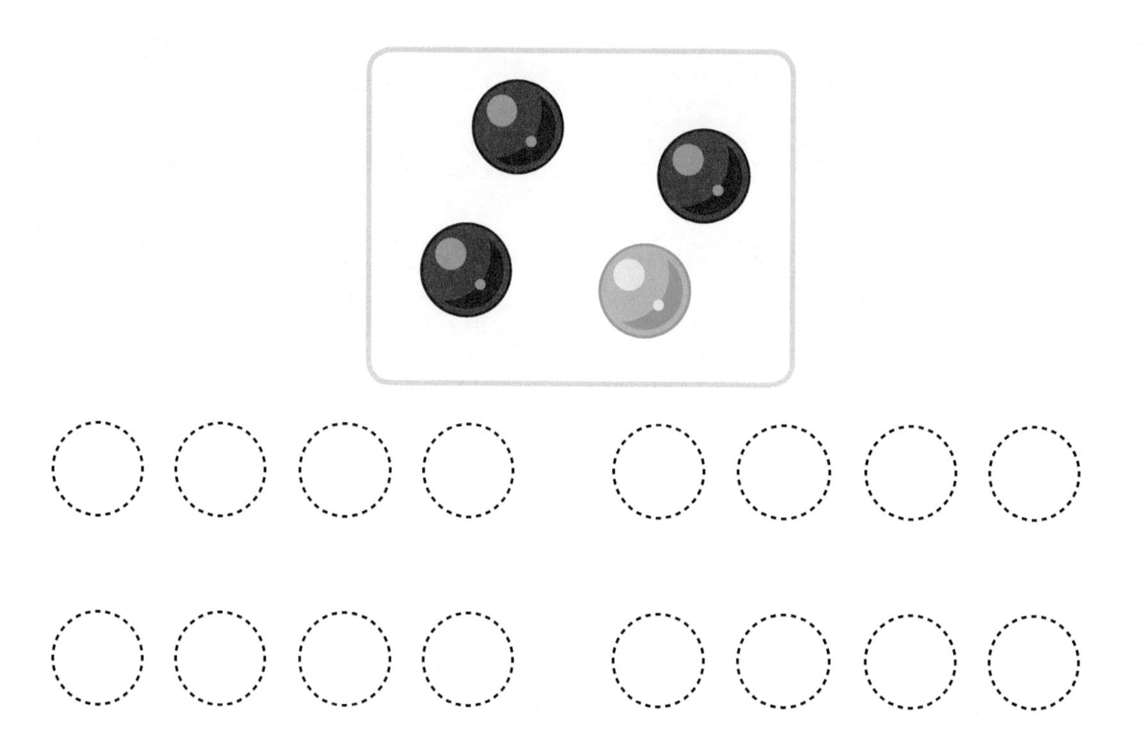

02 무우는 깃발에 노란색과 파란색으로 색칠하려고 합니다. 무우가 색칠하는 방법을 모두 찾아 색칠하세요.

정답 및 풀이 P.06

03 무우, 상상, 알알이는 달리기 대회를 했습니다. 1등, 2등, 3등이 되는 방법은 모두 몇 가지일까요? 나뭇가지 그림을 그려 구하세요.
[ ] 에는 이름을 쓰세요.

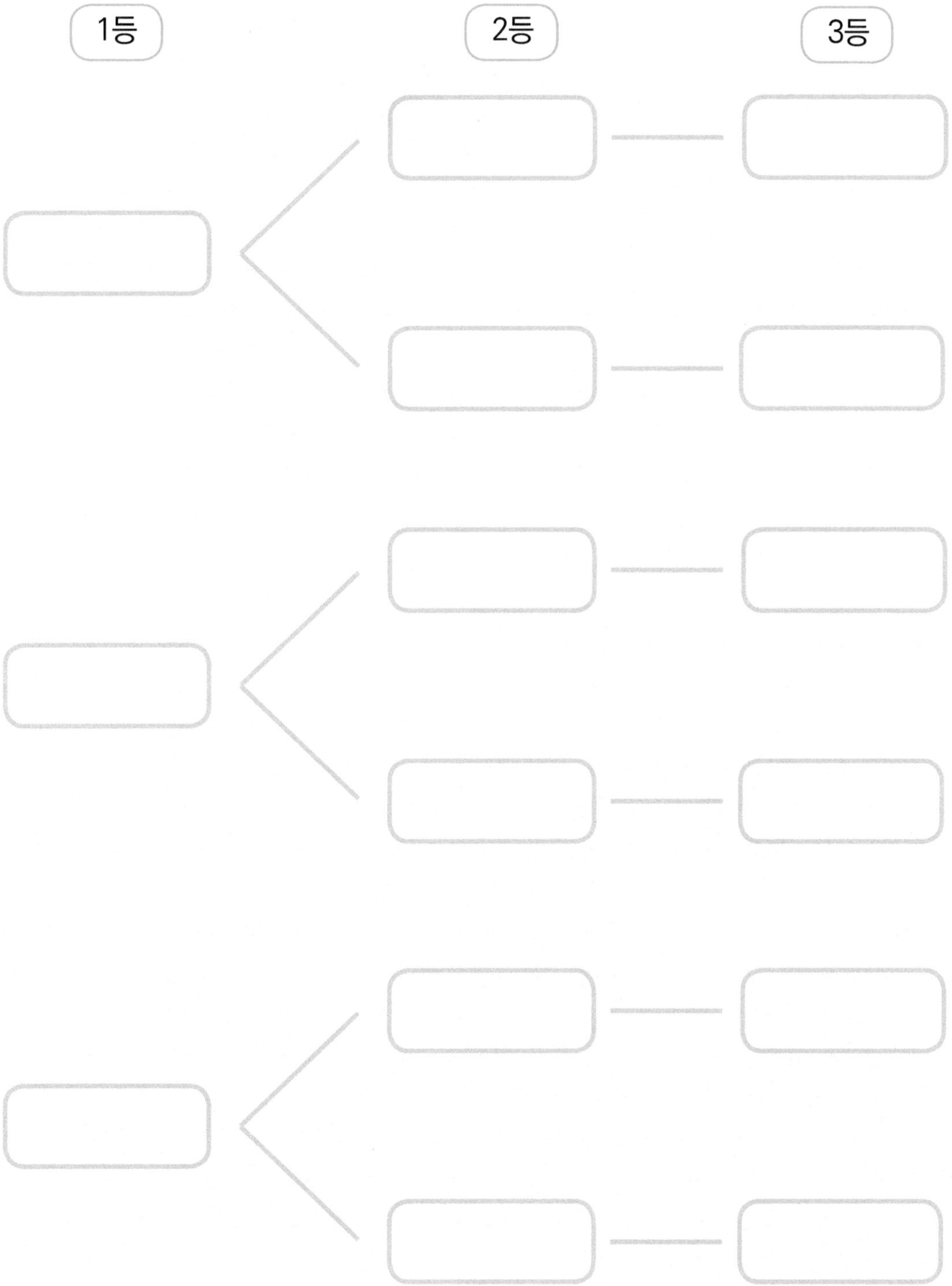

1등 | 2등 | 3등

C 확인하기

04 주어진 3개의 단추를 모두 옷에 다는 방법을 찾아 단추 스티커로 붙이세요.

05 상상이는 깃발에 주황색과 초록색으로 색칠하려고 합니다. 붙어 있는 칸에는 서로 다른 색을 칠할 때, 색칠하는 방법을 모두 찾아 색칠하세요.

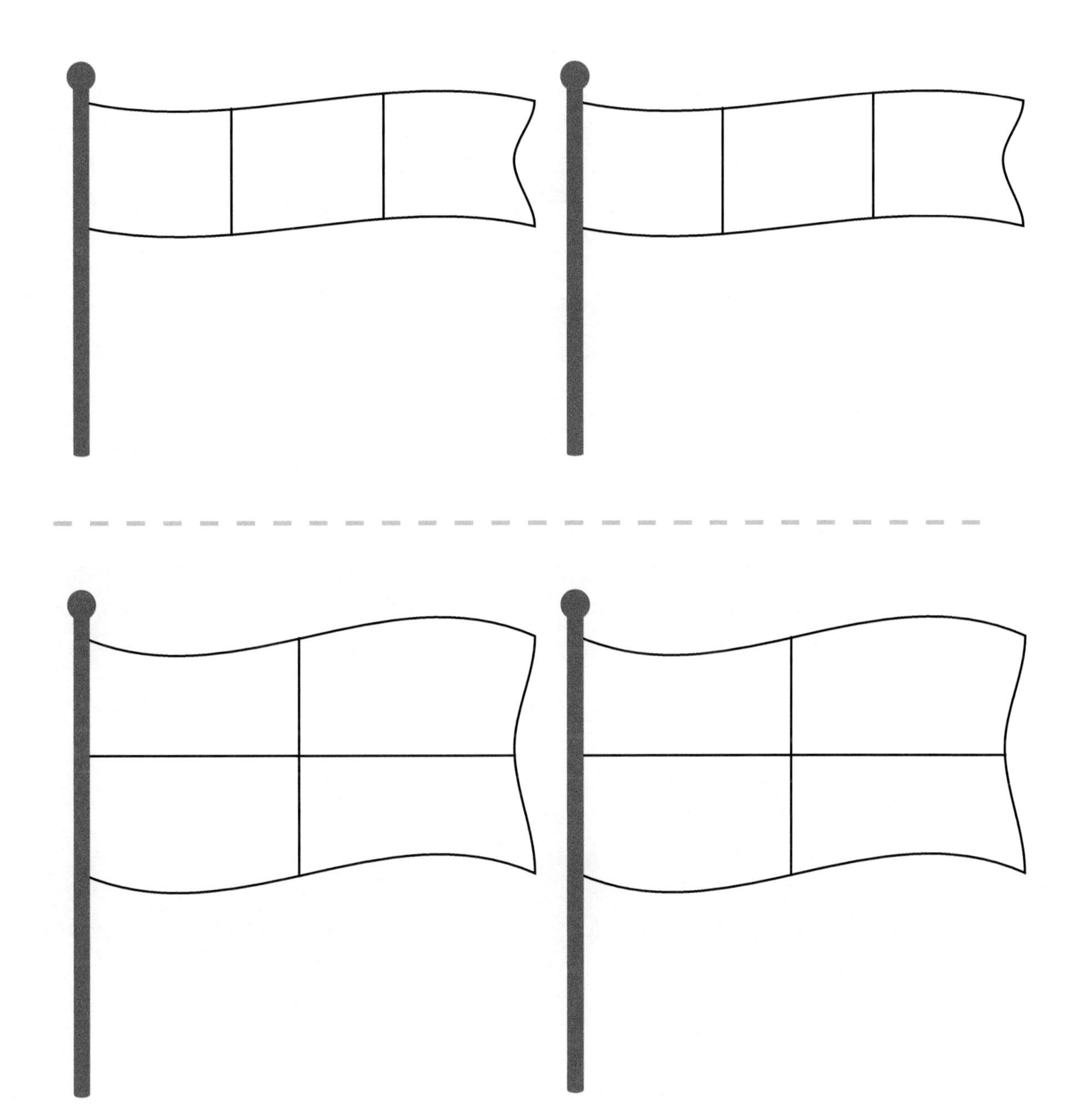

01 모든 경우 구하기

실력 쑥쑥 키우기

01 주머니에서 두 개의 구슬을 동시에 꺼냈을 때, 나올 수 있는 구슬의 색을 모두 찾아 색칠하세요.

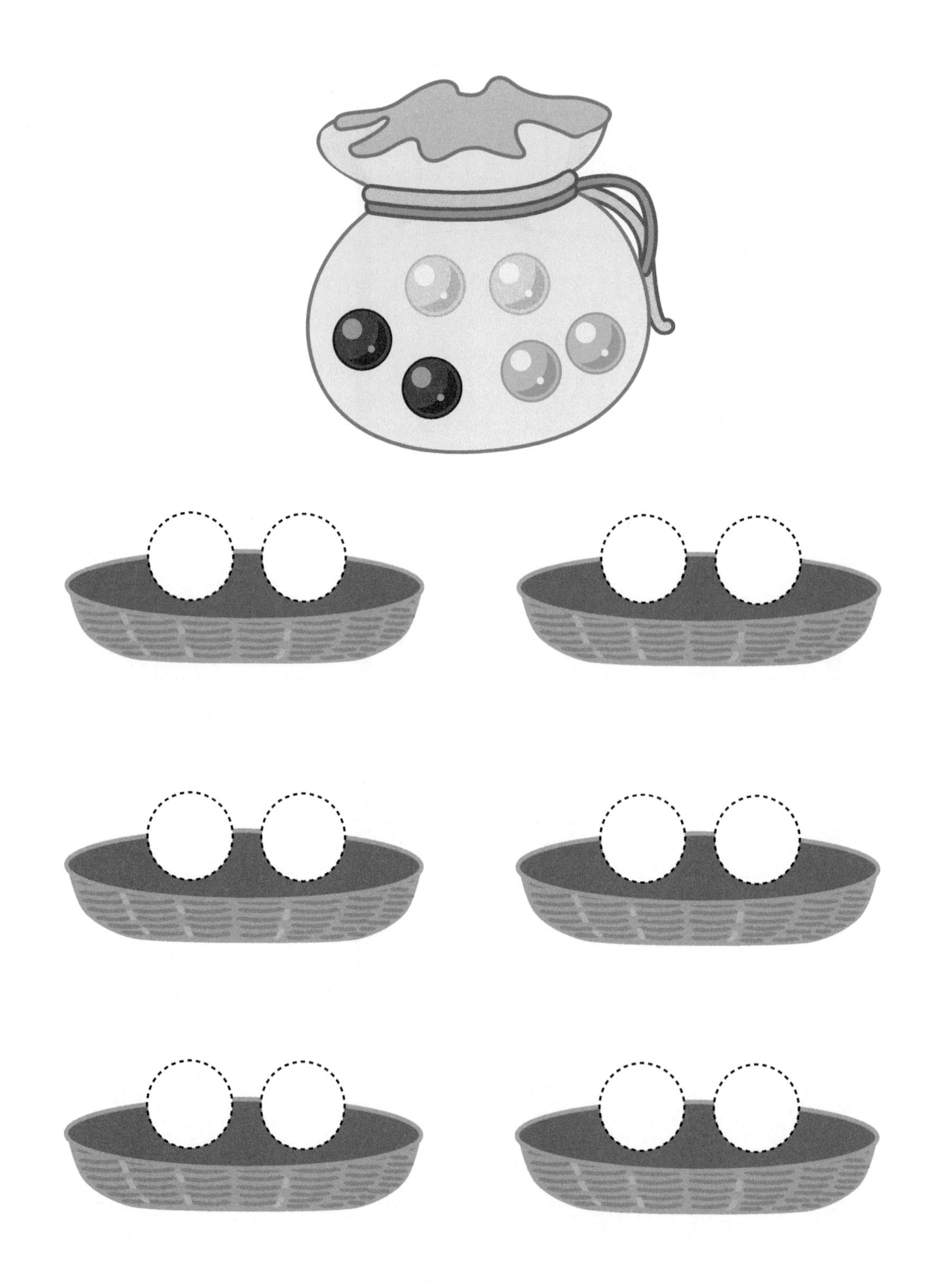

02 원숭이가 노란색 문과 초록색 문을 각각 한 번씩 통과하여 바나나를 먹으려고 합니다. 원숭이가 문을 지나가는 방법은 모두 몇 가지인지 선으로 그려 찾으세요.

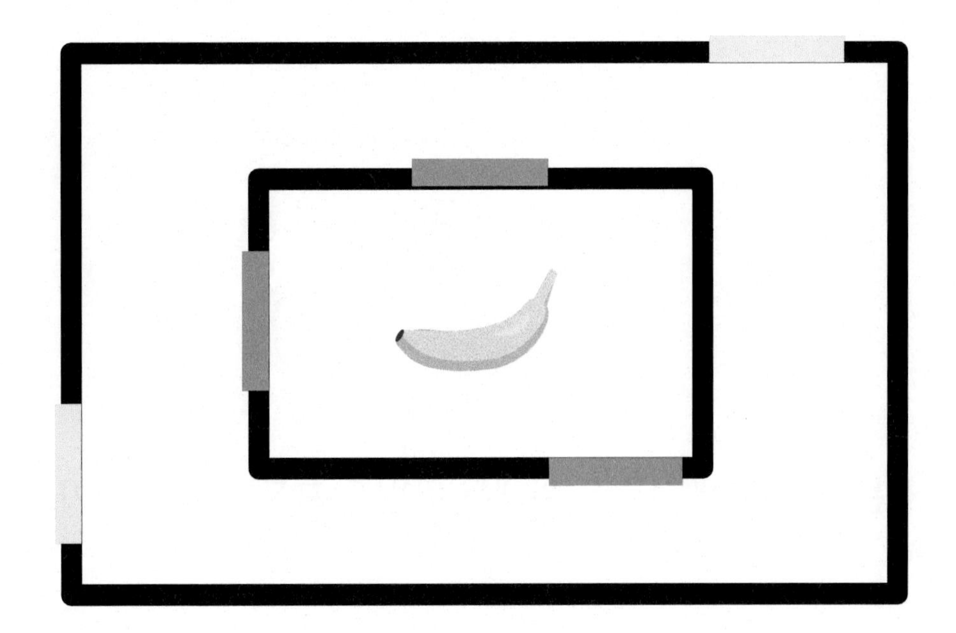

03 주어진 도형에서 크고 작은 사각형을 모두 찾아 각각 색칠하세요.

실력 쑥쑥 키우기

04 주머니 안에 숫자가 적힌 구슬이 있습니다. 주머니 안에서 구슬을 한 개씩 꺼낼 때, 주어진 질문에 알맞은 정답을 적으세요.

질문 1. 주황색 구슬을 꺼내는 방법은 모두 몇 가지인가요?

정답 : ☐ 가지

질문 2. 초록색 구슬을 꺼내는 방법은 모두 몇 가지인가요?

정답 : ☐ 가지

질문 3. 노란색 1개, 주황색 1개, 초록색 1개 모두 3개의 구슬을 꺼내는 방법은 몇 가지 일까요?

정답 : ☐ 가지

05 2개의 바구니에 3개의 바둑돌을 넣는 방법은 모두 몇 가지인지 찾아 각각 바둑돌을 그리세요. (단, 바구니에 바둑돌이 없어도 됩니다.)

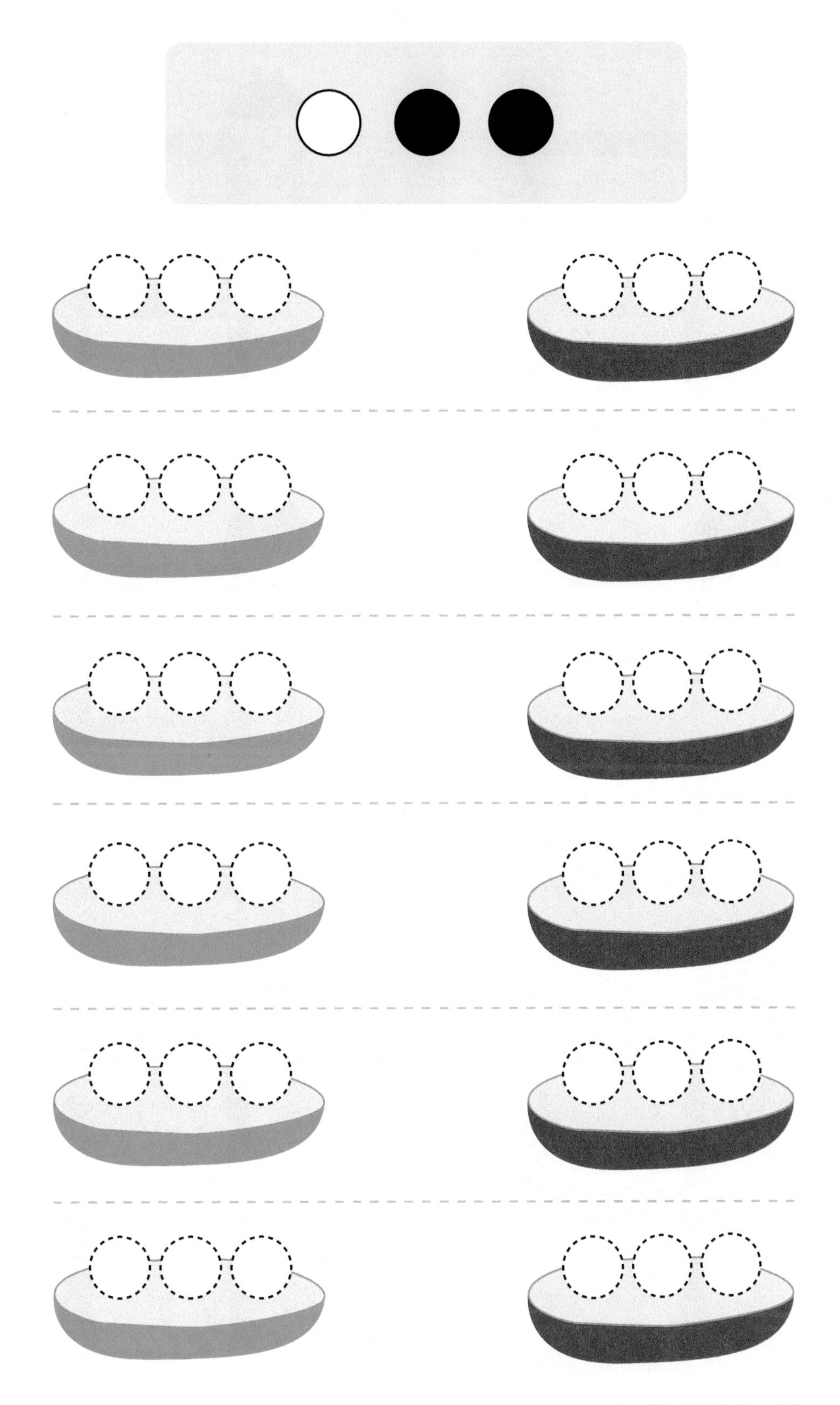

실력 쑥쑥 키우기

06 제이가 집( )을 들러 학교( )로 가는 길은 모두 몇 가지일까요? 길을 선으로 그려 찾으세요. (단, 지나간 곳은 다시 지나지 않습니다.)

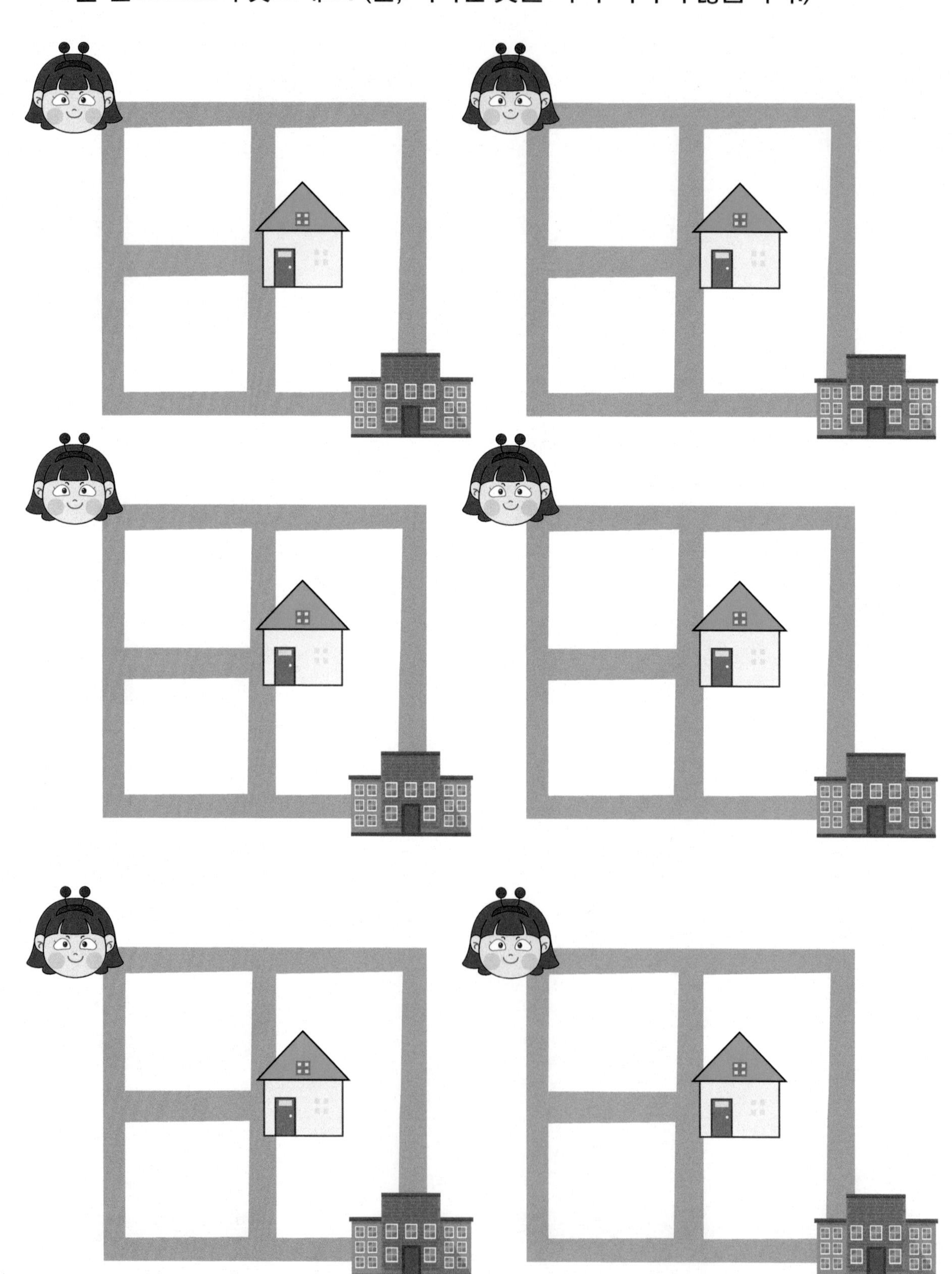

정답 및 풀이 P.08

07 창의융합문제

알알이는 다트판을 노란색, 파란색, 빨간색으로 색칠하려고 합니다. 붙어 있는 칸에는 서로 다른 색을 칠할 때, 색칠하는 방법을 모두 찾아 색칠하세요. (단, 회전했을 때 같은 다트판은 같은 것으로 보고 세 가지 색을 모두 사용하지 않아도 됩니다.)

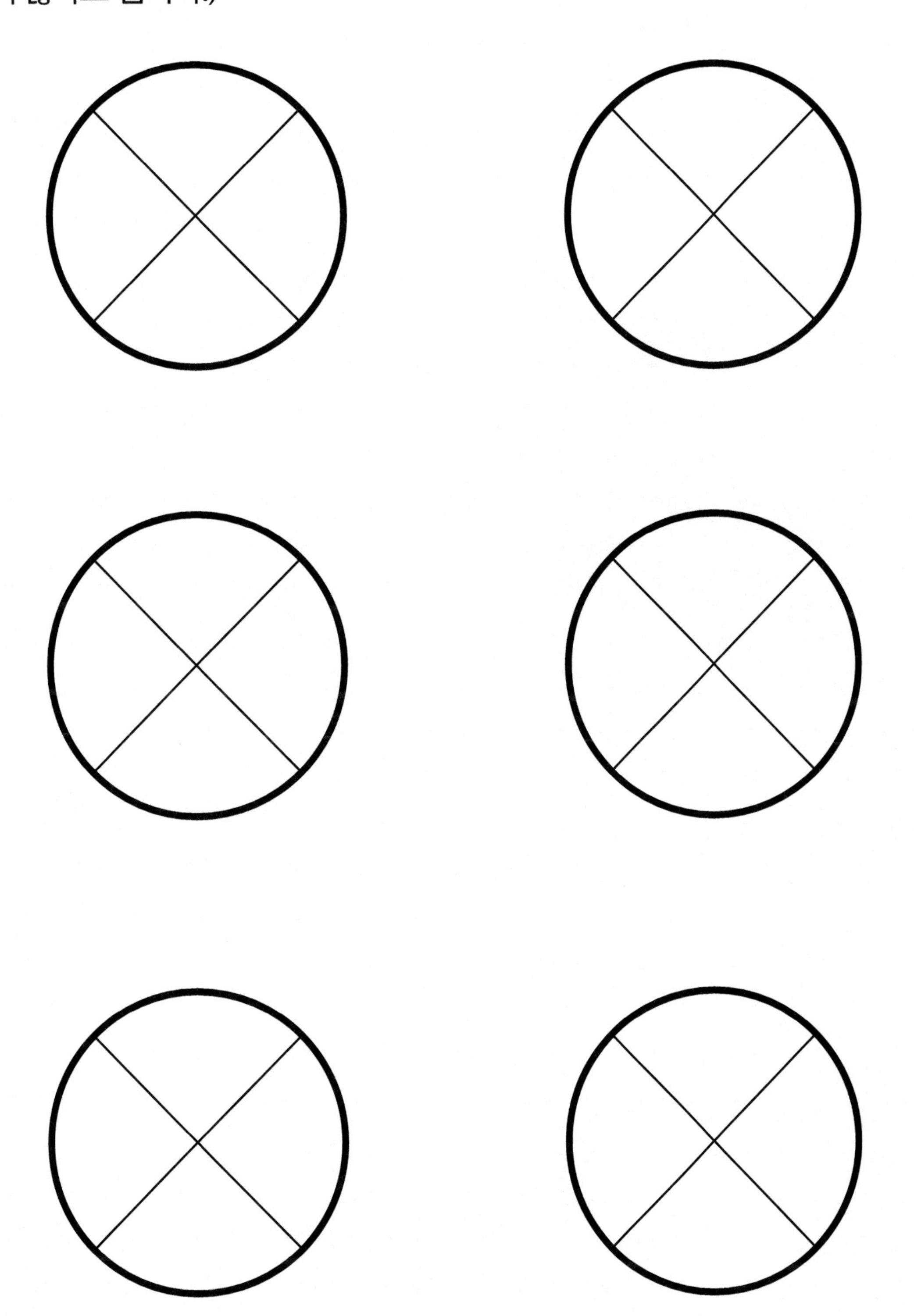

분류 기준 방법?

옷 정리해야지~ 내가 잘 입는 옷과 잘 안 입는 옷으로 분류할 거야!
제이야! 그렇게 분류하면 다른 사람이 봤을 때 기준을 알 수 없어~
흠.. 그럼 어떻게 분류 하라는 거야?
바지, 원피스, 윗옷 이렇게 분류해 봐!

2. 분류하기

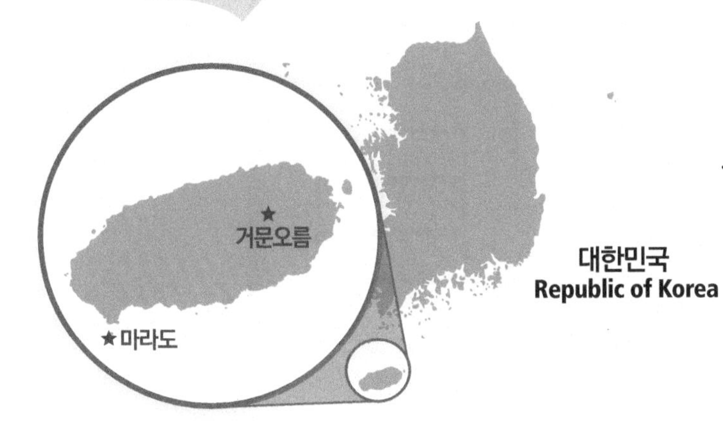

대한민국
Republic of Korea

제주도 둘째 날 DAY 2

무우와 친구들은 제주도 여행 둘째 날, <마라도>에 도착했어요. <마라도> 에서 만날 수학 문제에는 어떤 것들이 있을까요?
즐거운 수학여행 출발~!

공통점 찾기

공통점이 있는 도형끼리 연결하여 미로를 탈출하세요.

제이야! 널 따라오
다가 길을 잃었어..

나 지도 있어~
여기 도형이 그려져
있네??

출
발

여러 가지 물건 중 공통점이 있는 두 물건을 찾아 분류하기를 합니다.

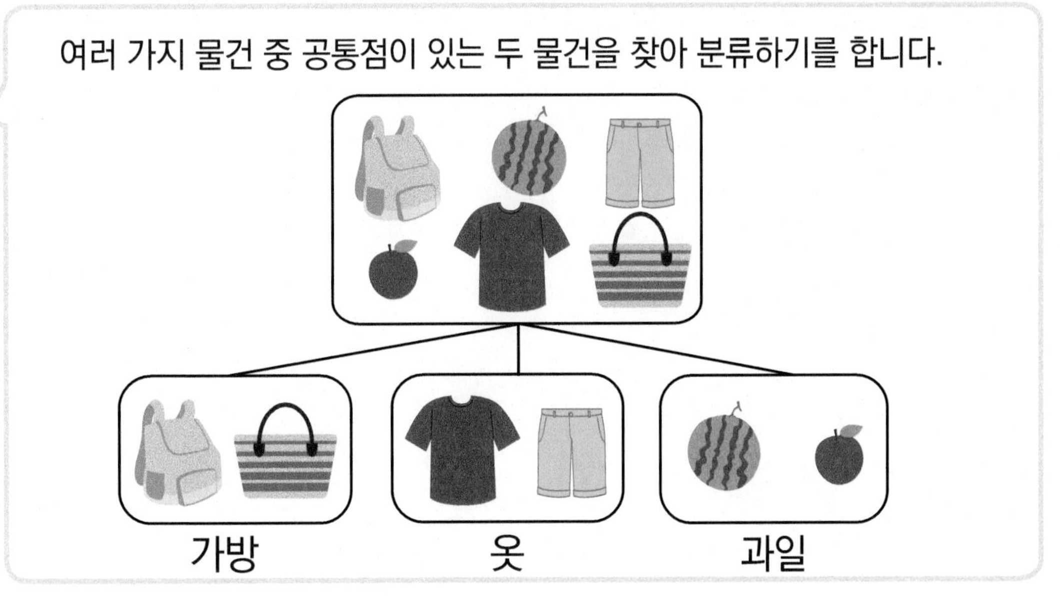

공통점이 있는 물건끼리 서로 연결하세요 .

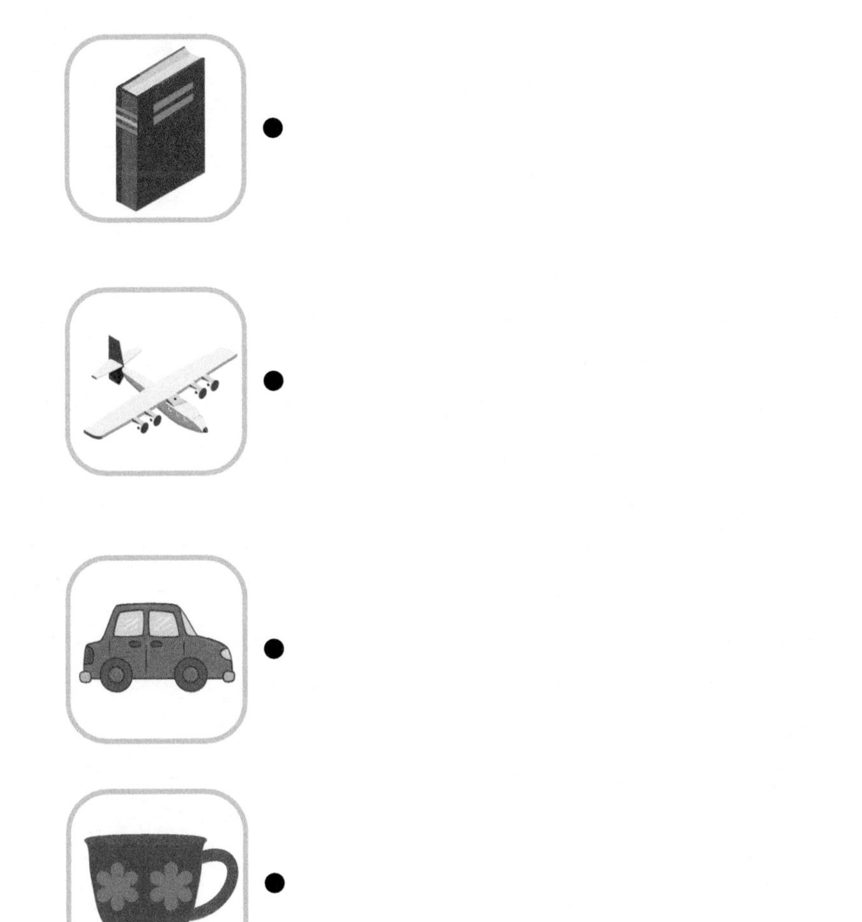

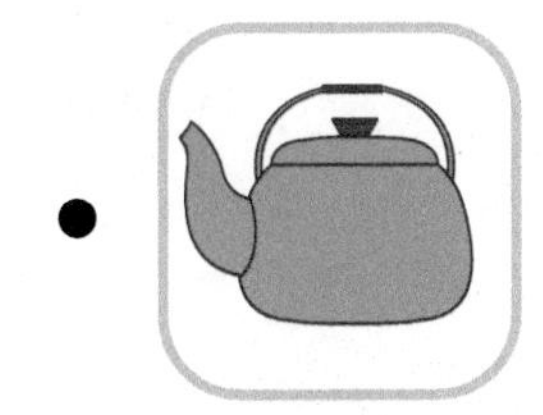

A 확인하기

01 짝이 되는 것끼리 서로 연결하세요.

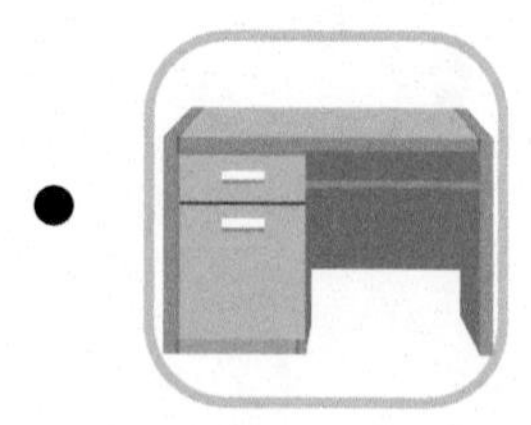

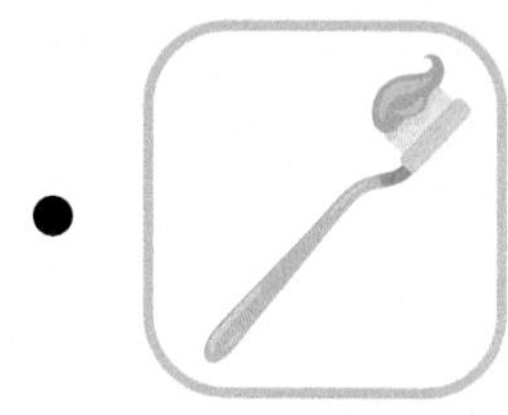

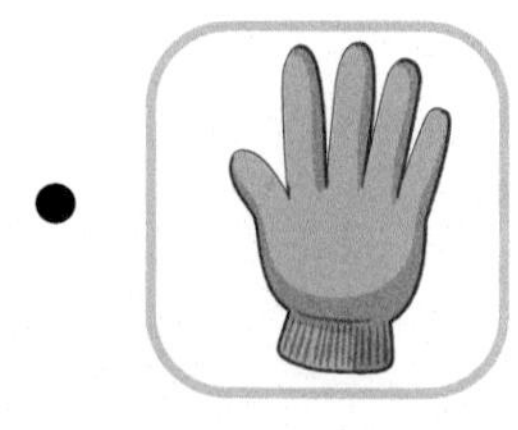

정답 및 풀이 P.10

02 각 물건들 중 어울리지 않는 것을 찾아 ×표시하세요.

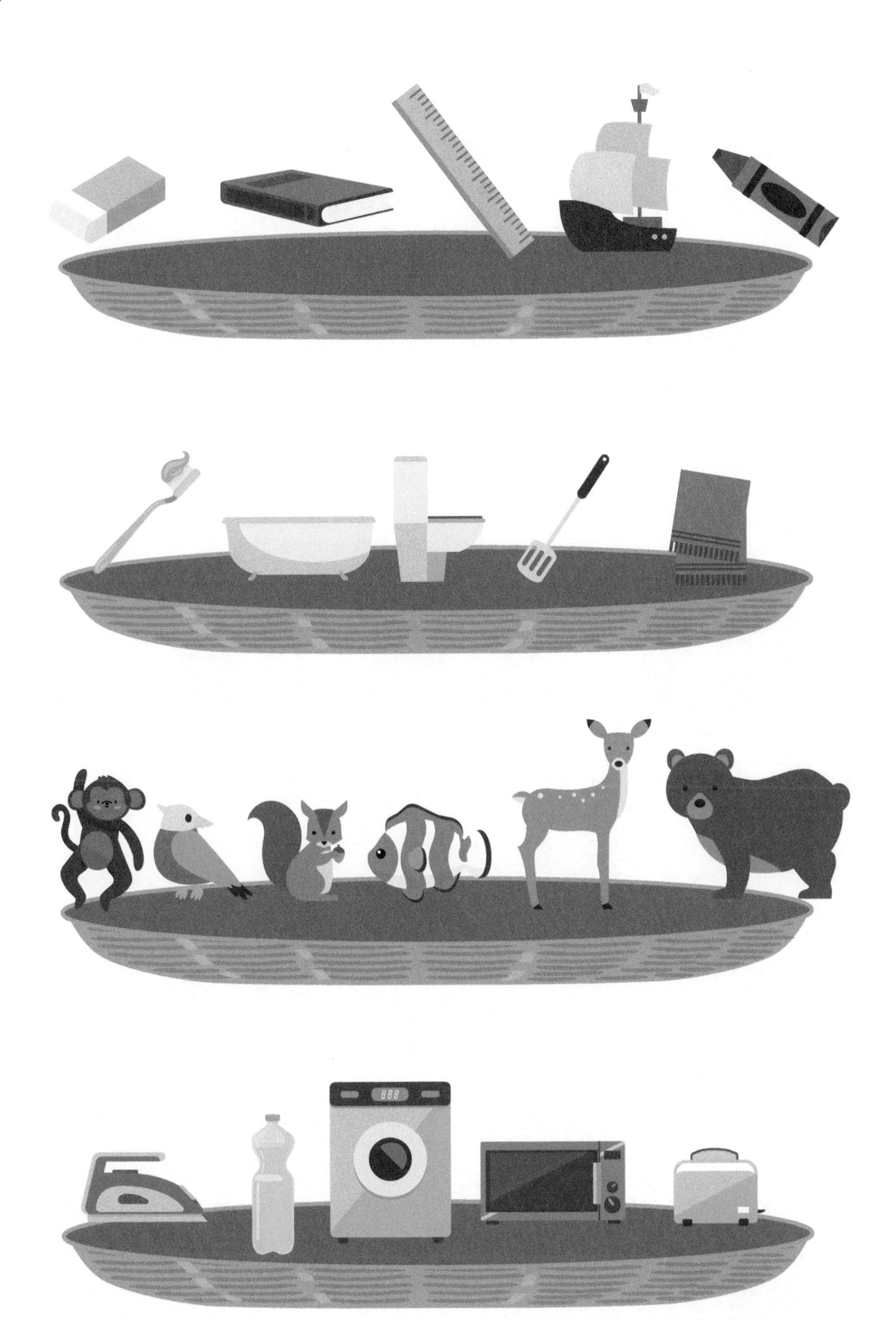

A 확인하기

03 공통점을 가진 도형을 찾아 각각 연결하세요.

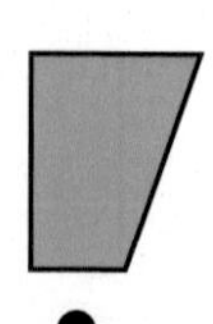

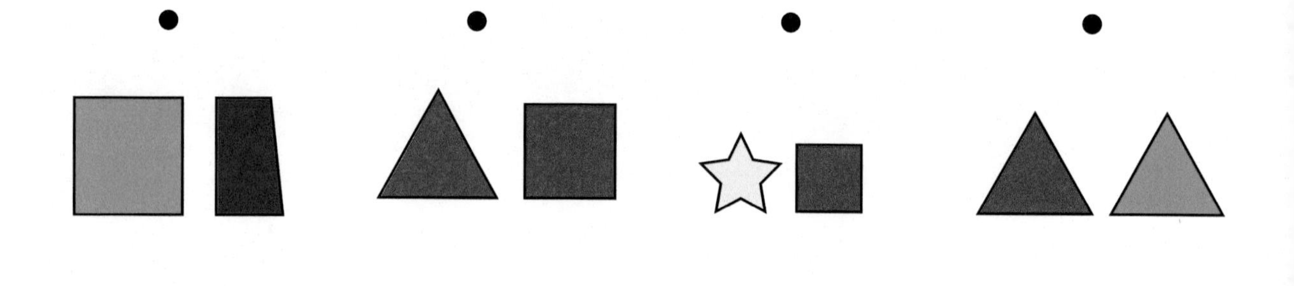

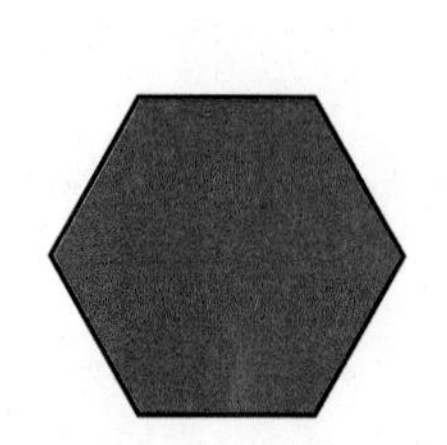
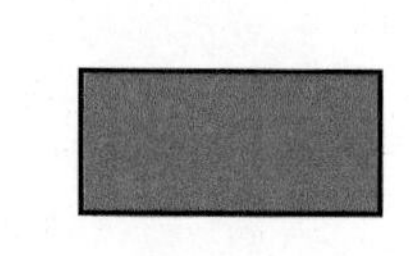
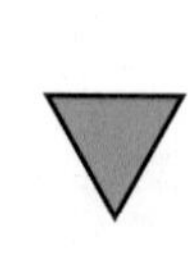

정답 및 풀이 P.10

04 두 개의 단추와 같은 공통점을 가진 한 개의 단추를 서로 연결하세요.

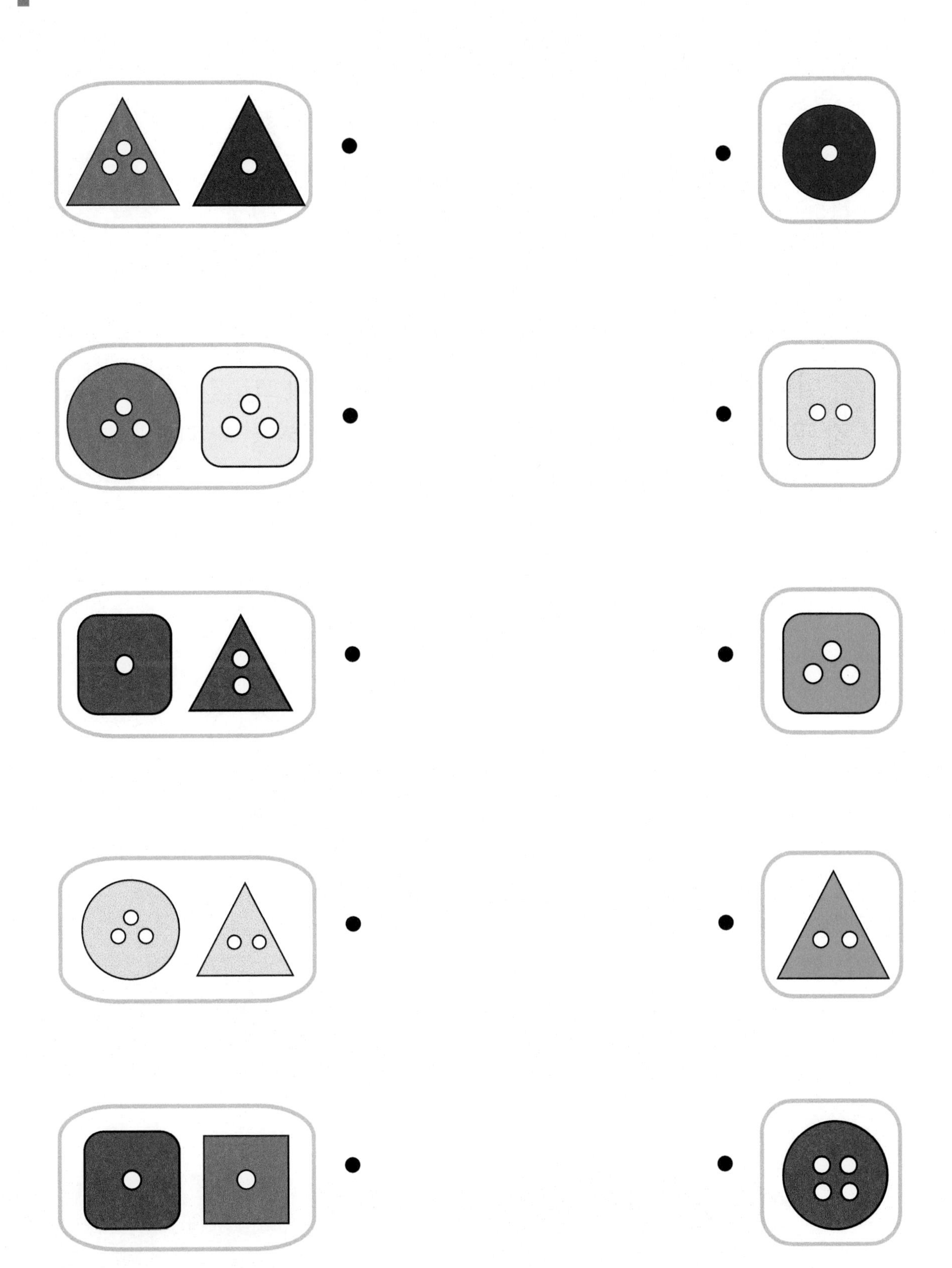

B 한 가지 기준으로 분류하기

유형 알아보기

주머니 안에 여러 가지 구슬이 있습니다. 구슬에 그려진 도형을 기준으로 각 구슬을 4가지로 분류할 때, 알맞은 구슬 스티커를 바구니에 붙이세요.

스티커 →부록

정답 및 풀이 P.11

〈한 가지 기준으로 분류하기〉
도형의 모양, 색깔, 크기, 개수에 따라 분류합니다.

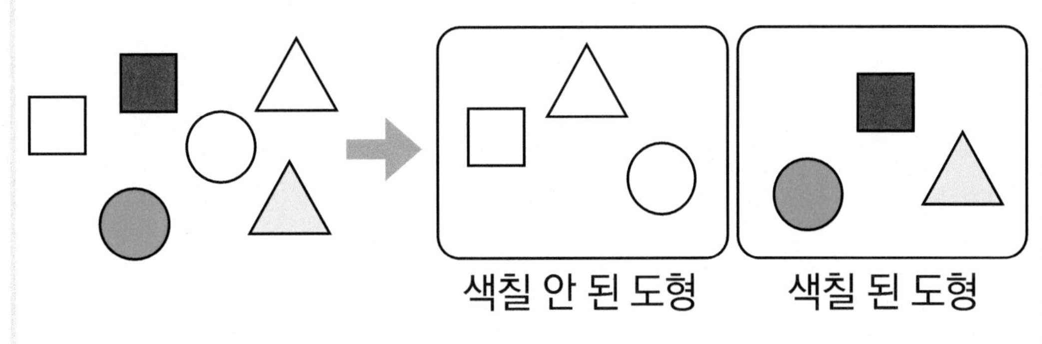

카드를 한 가지 기준으로 분류할 때 , 알맞은 카드 스티커를 붙이세요 .

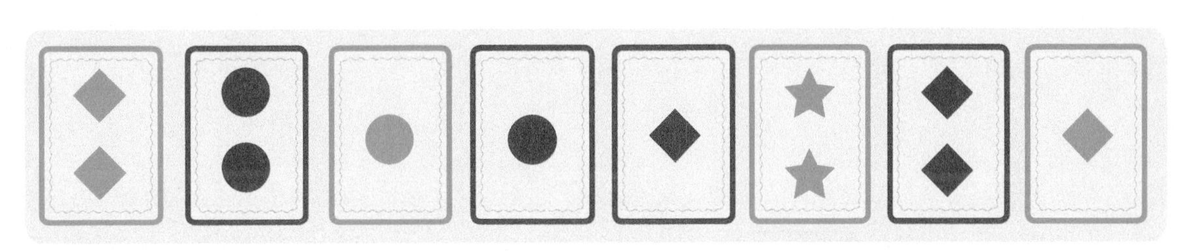

1. 카드의 색깔에 따라 분류합니다.

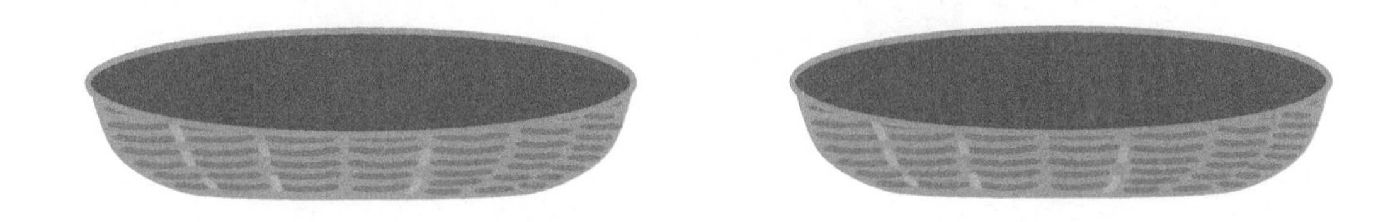

2. 카드의 도형 개수에 따라 분류합니다.

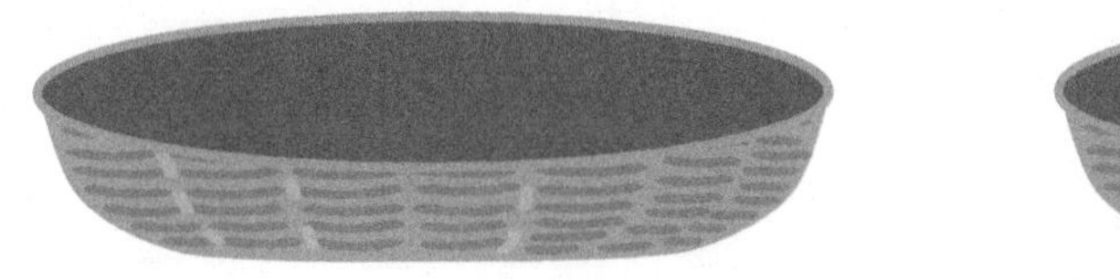
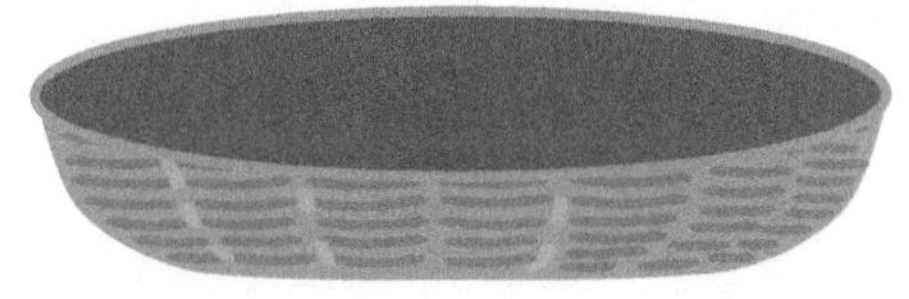

B 확인하기

01 도형을 분류한 기준을 빈칸에 알맞은 기호를 적으세요.

㉠ 모양　　㉡ 개수　　㉢ 색깔　　㉣ 크기

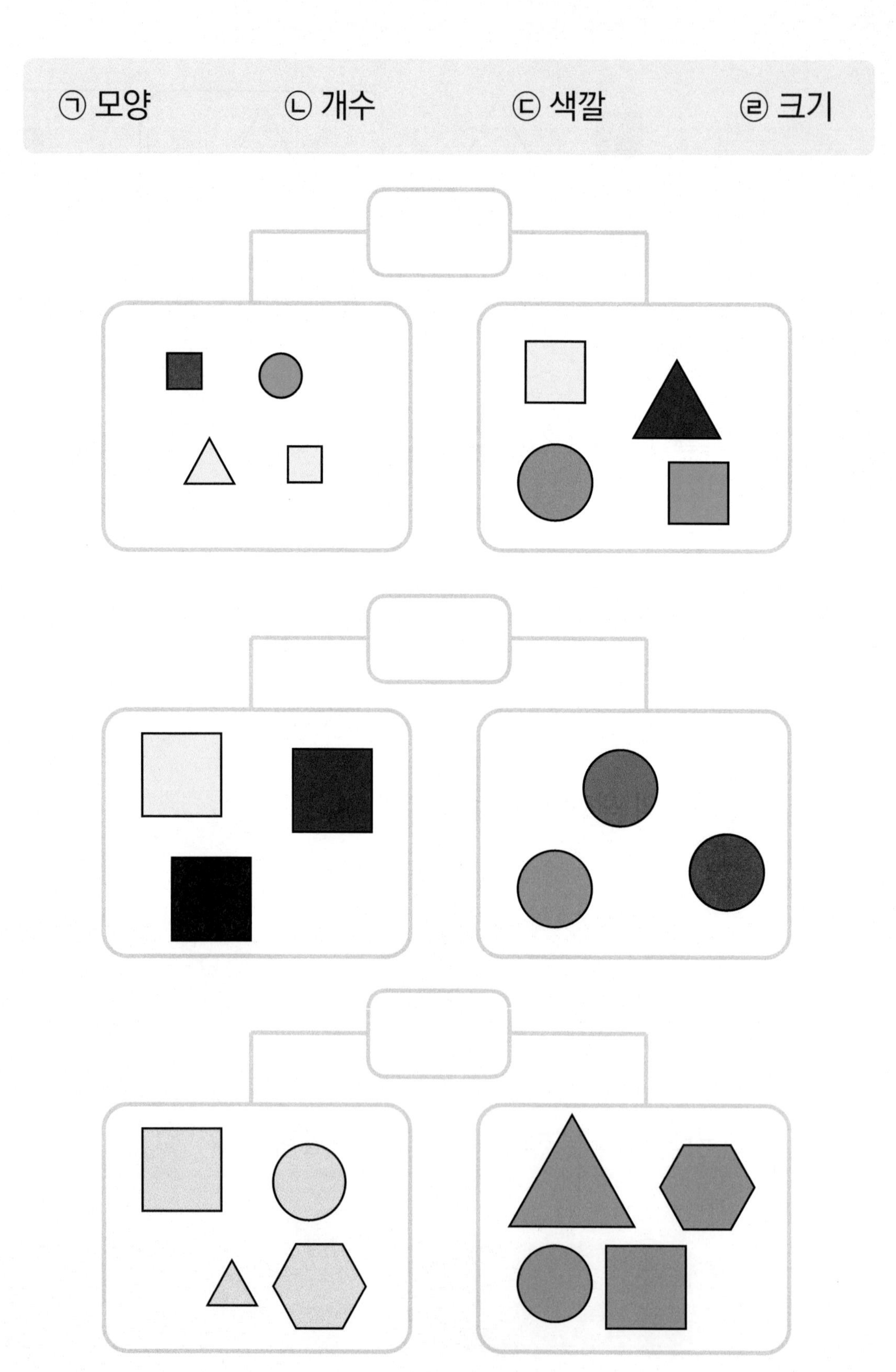

정답 및 풀이 P.11

02 배경에 어울리는 물건을 스티커로 붙이세요.

B 확인하기

03 무우는 어떤 한 가지 기준에 따라 단추를 호호와 하하로 말했습니다. 스티커 북에서 호호와 하하로 불리는 단추를 찾아 빈 곳에 단추 스티커를 붙이세요.

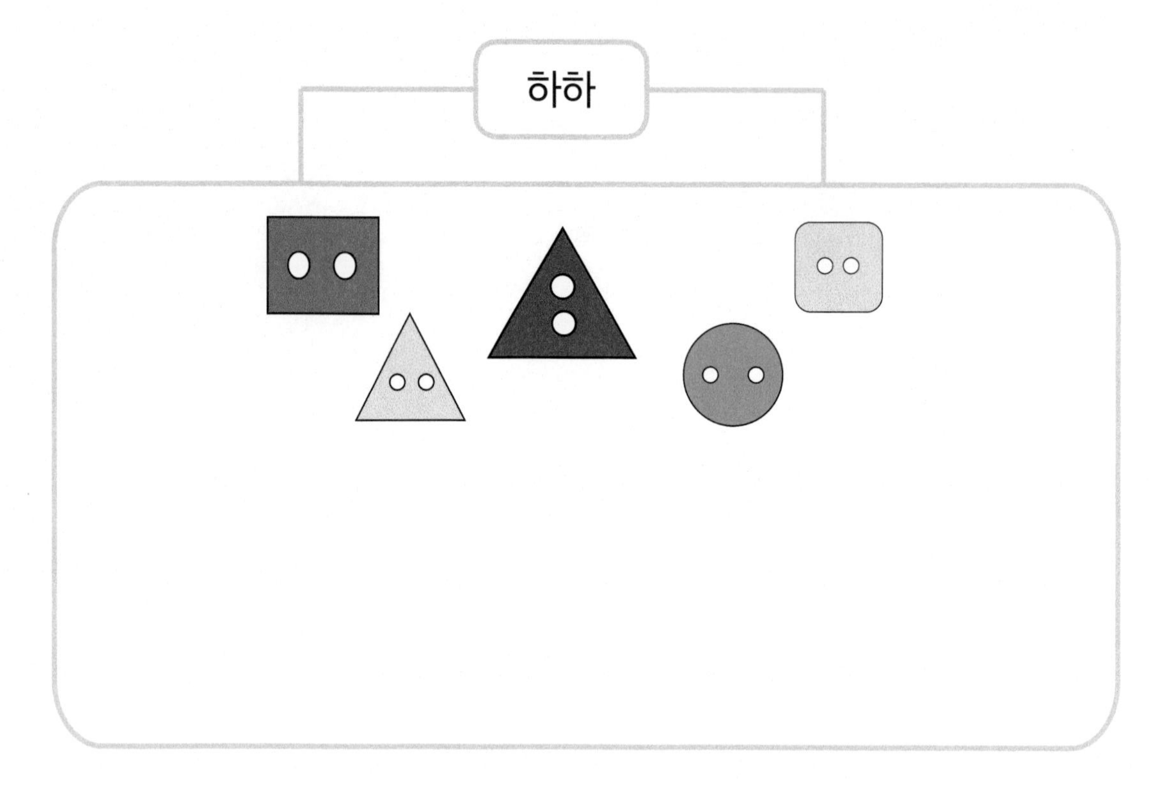

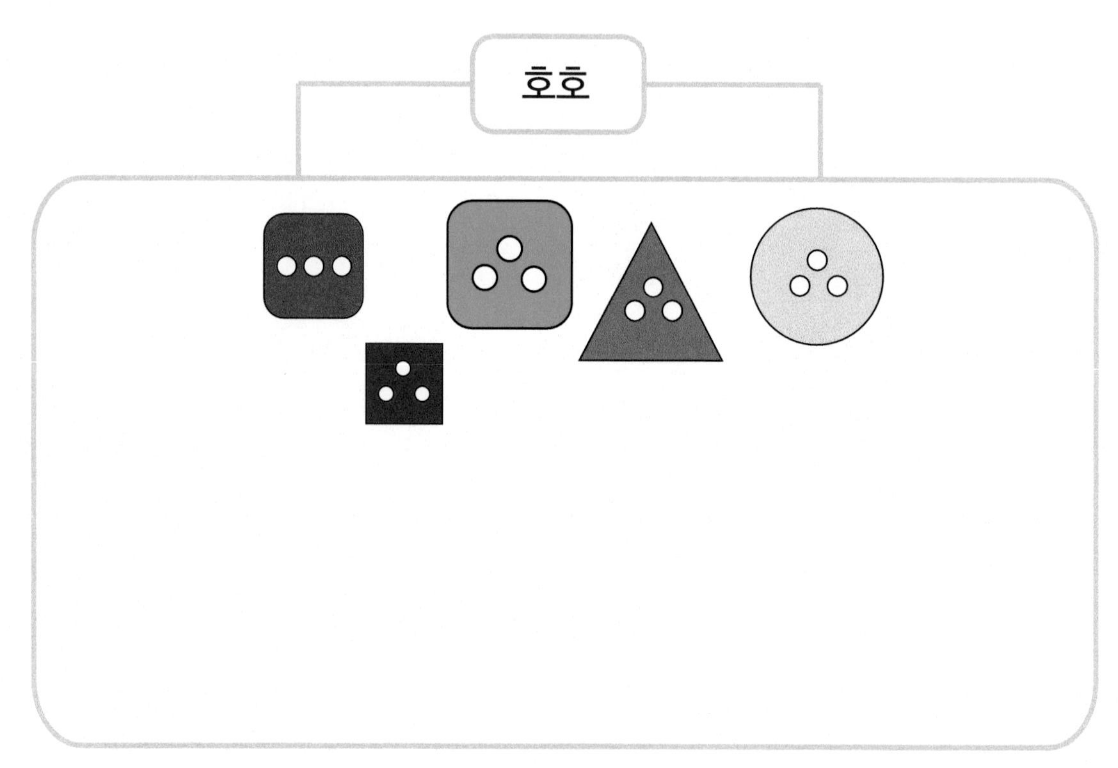

정답 및 풀이 P.12

04 한 가지 기준에 따라 로봇을 나누었을 때, 알맞지 않은 로봇 하나를 찾아 ×표시하세요.

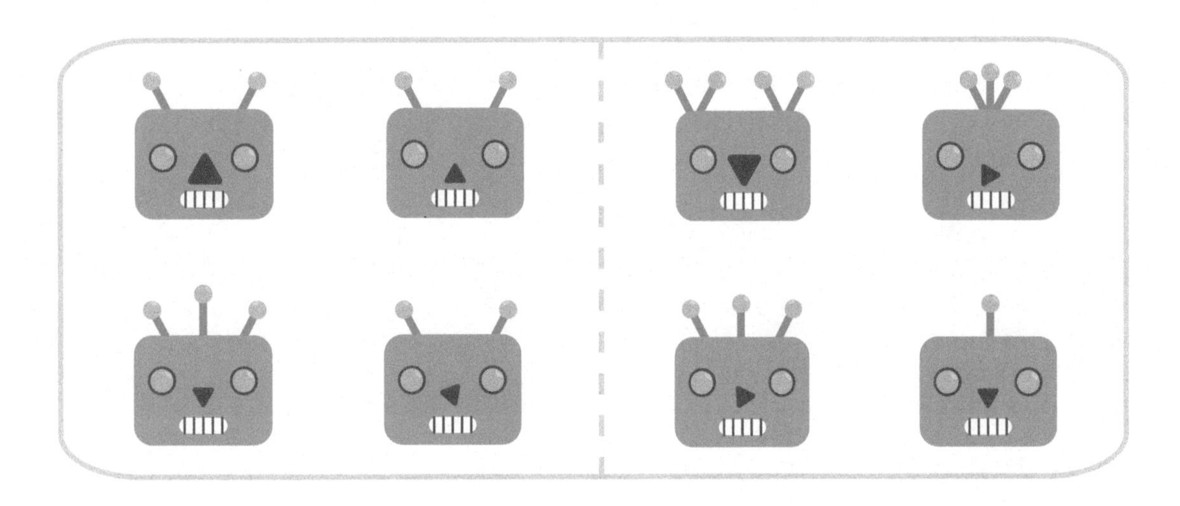

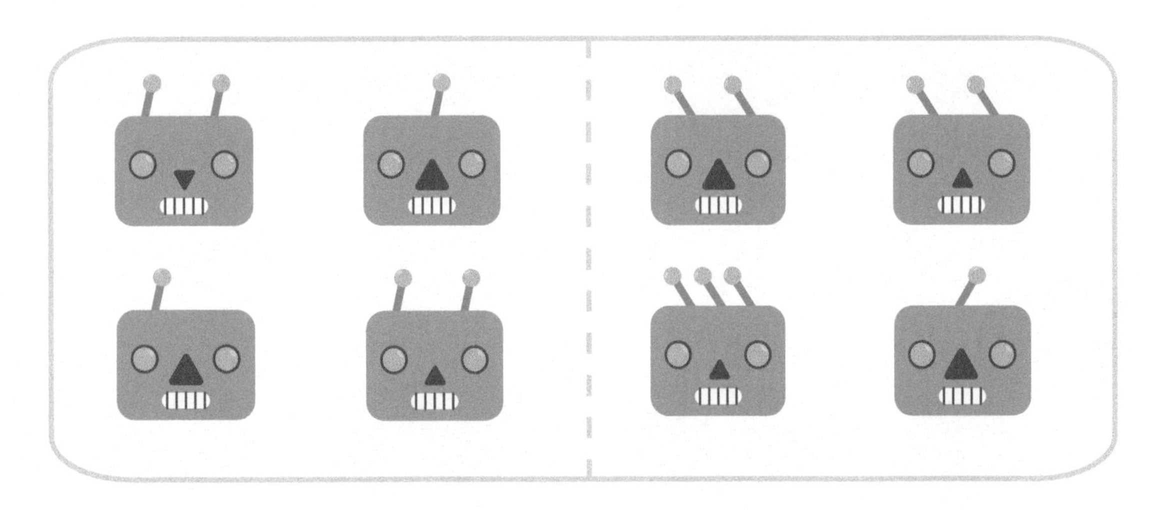

C 두 가지 기준으로 분류하기

유형 알아보기

먼저 주어진 쿠키를 모양으로 나눈 후, 색으로 분류하려고 합니다. 알맞은 칸에 쿠키 스티커 붙이세요.

스티커 →부록

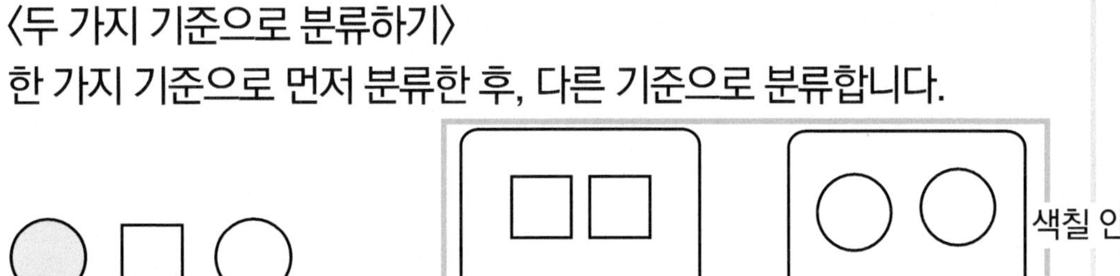

〈두 가지 기준으로 분류하기〉

한 가지 기준으로 먼저 분류한 후, 다른 기준으로 분류합니다.

유형 풀어보기

스티커 북의 그림 중 집에서 볼 수 있는 물건과 파란색인 것을 두 가지로 분류해 원 안에 알맞은 스티커를 붙이세요.

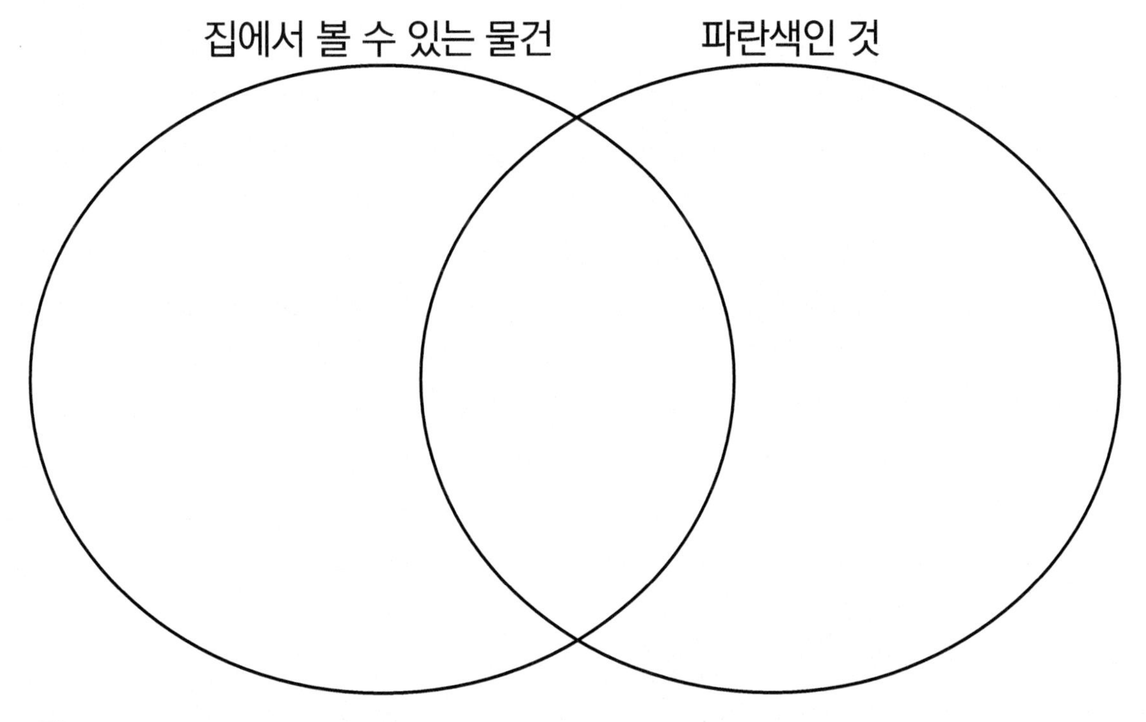

두 원이 겹치는 곳에는 집에서 볼 수 있으면서 파란색인 것을 붙이면 돼!

C 확인하기

01 두 가지 기준에 알맞은 도형을 모두 찾아 ○표시하세요.

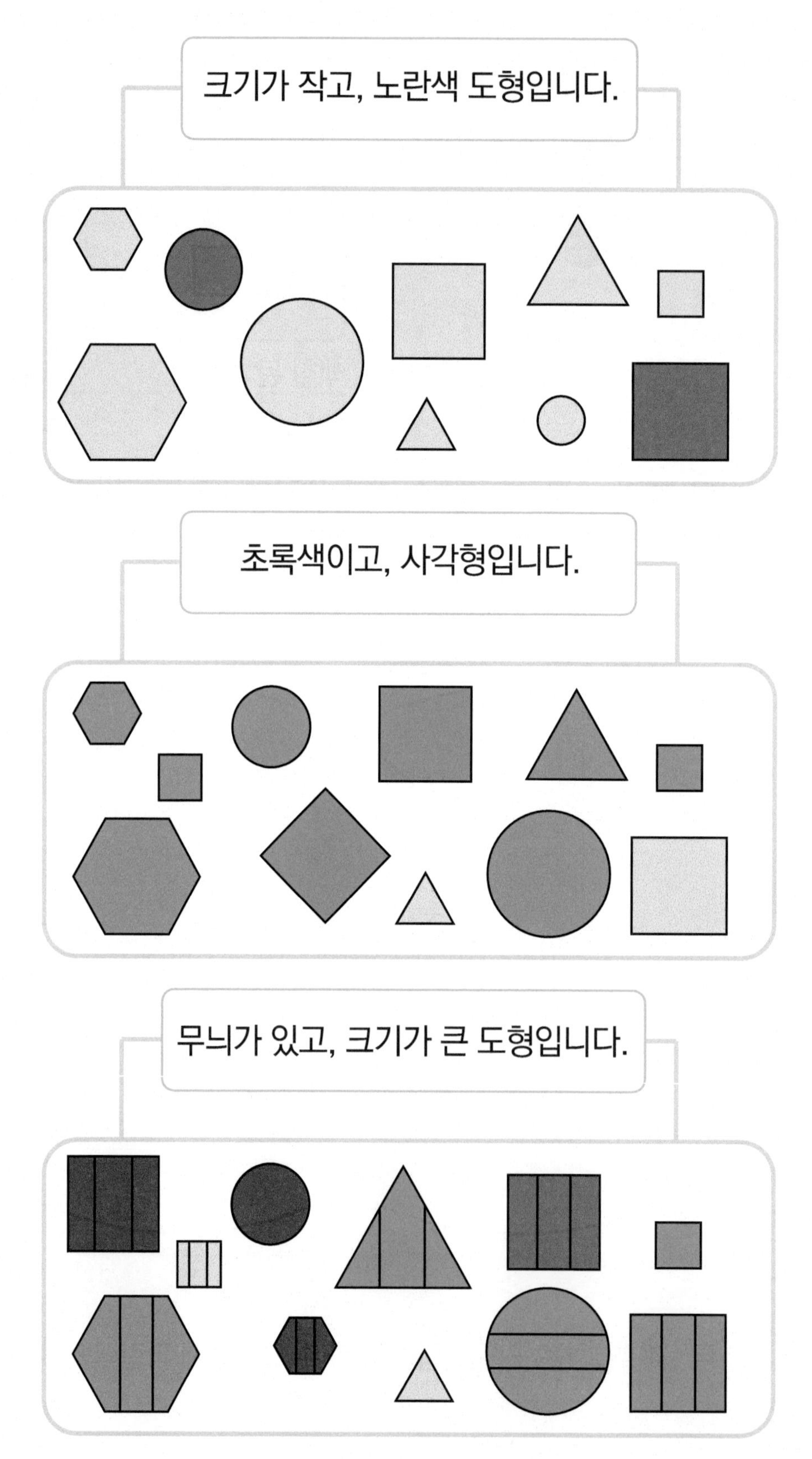

정답 및 풀이 P.13

02 두 가지 기준에 따라 로봇을 나누었을 때, 알맞지 않은 로봇 하나를 찾아 ×표시하세요.

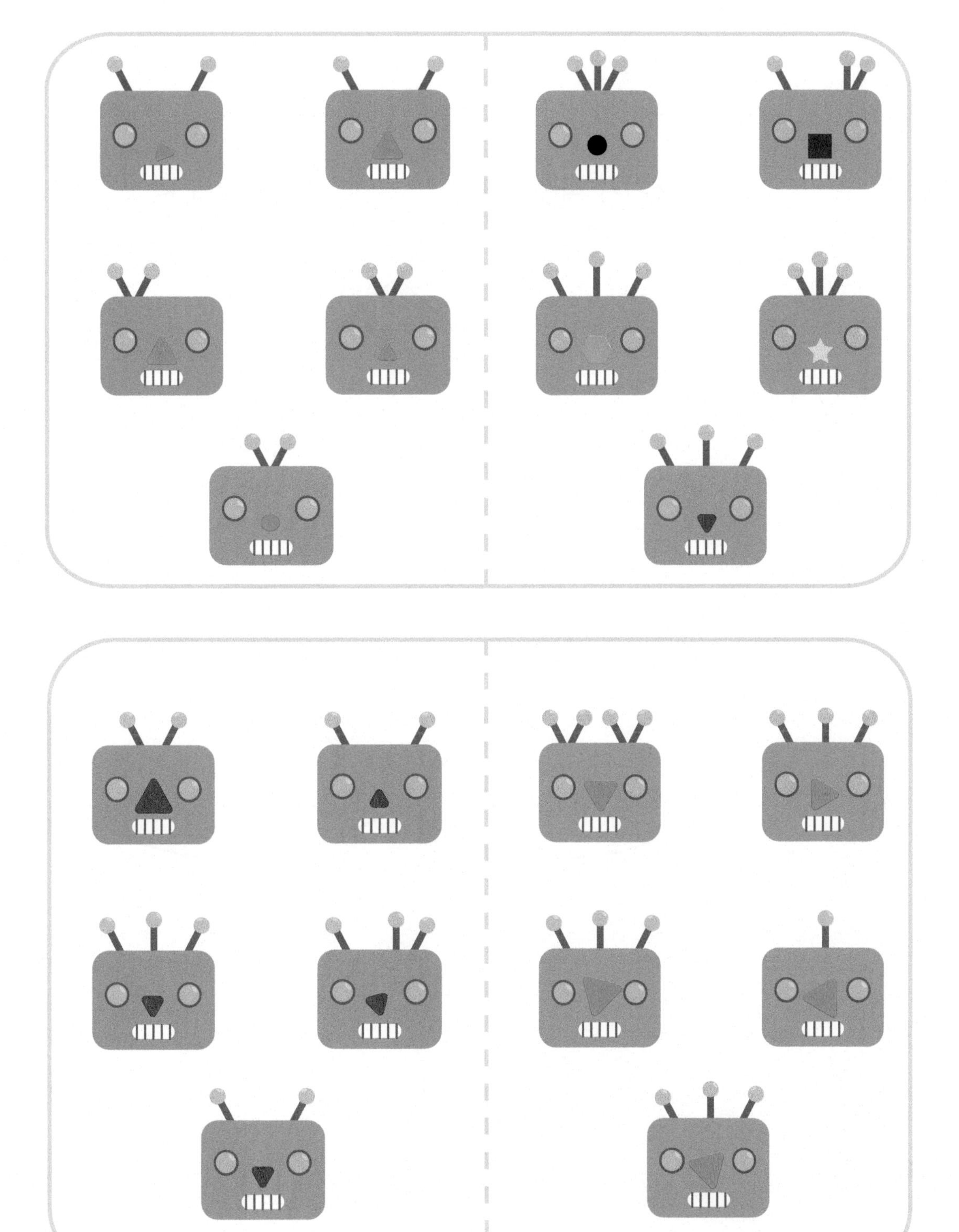

C 확인하기

03 스티커 북의 도형 중 크기가 작은 도형과 빨간색 도형으로 분류해 원 안에 알맞은 도형 스티커를 붙이세요.

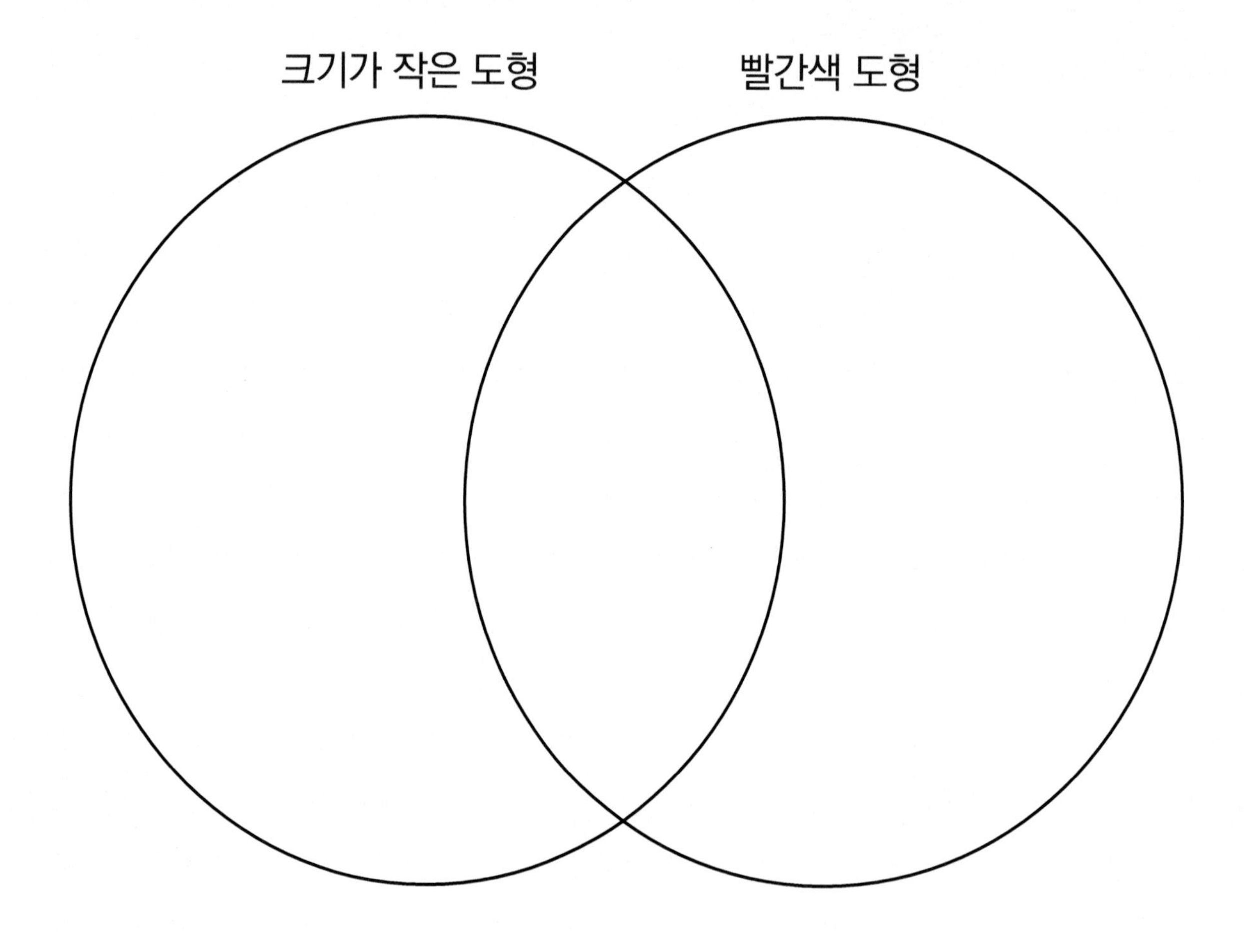

두 원이 겹치는 곳에는 크기가 작은 빨간색 도형을 붙이면 돼!

정답 및 풀이 P.14

04 주어진 숫자 카드를 두 가지 기준으로 분류해 빈칸에 카드 숫자를 적으세요.

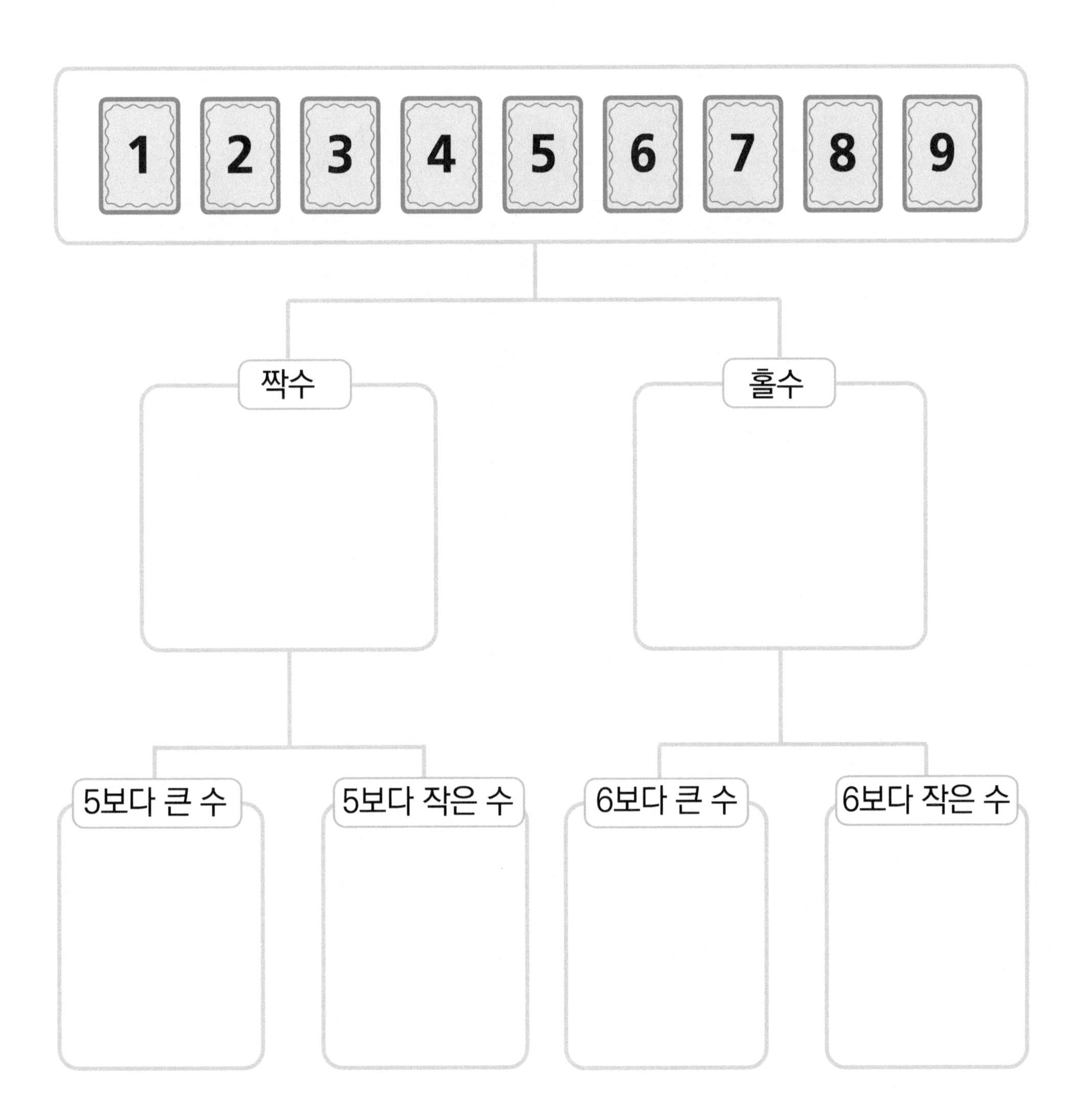

02 분류하기 실력 쑥쑥 키우기

01 주어진 도형을 세 종류로 분류해 빈칸에 알맞은 도형 스티커를 스티커 북에서 찾아 붙이세요.

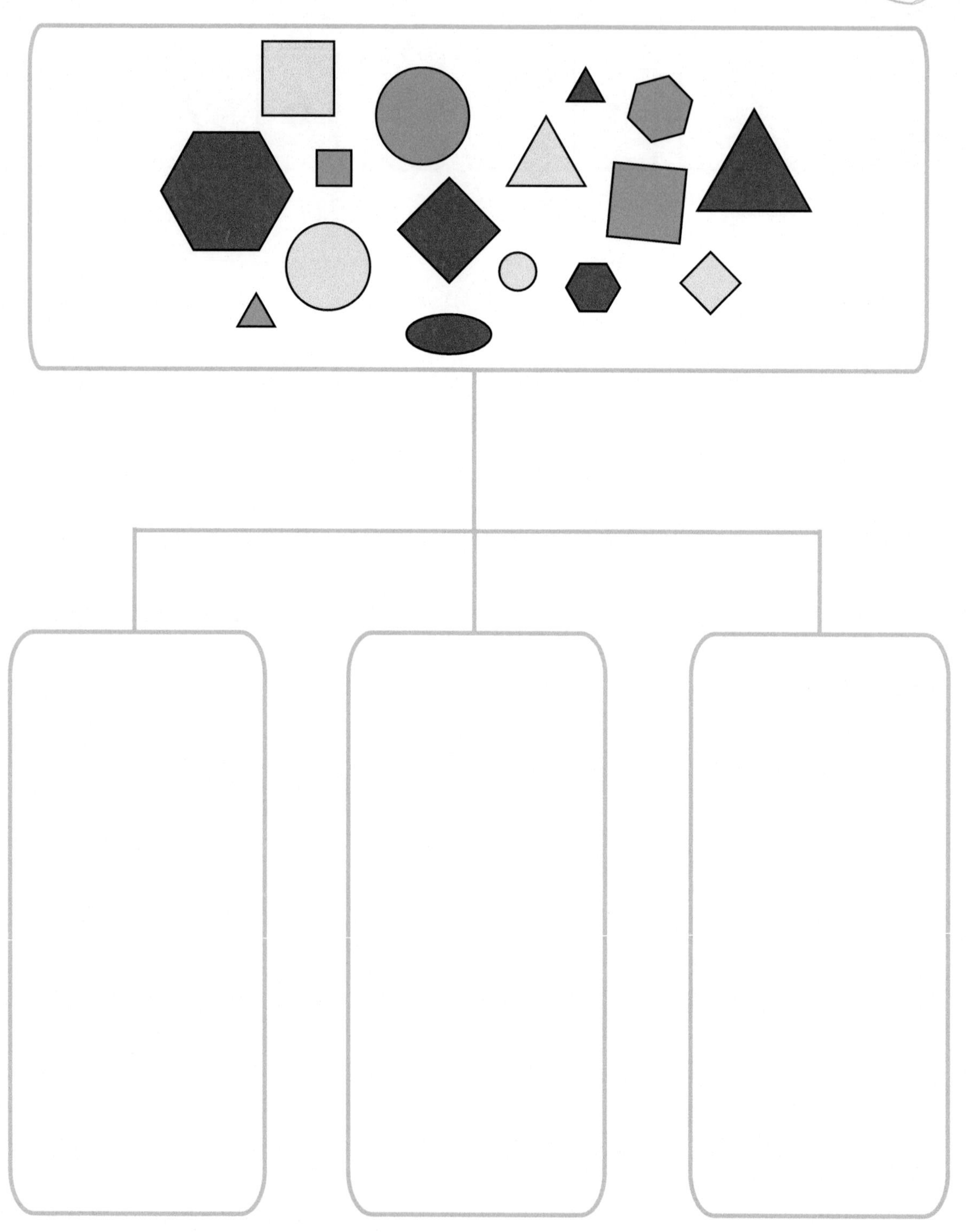

정답 및 풀이 P.14

02 두 가지 기준으로 카드를 분류했을 때, 빈칸에 들어가는 기호를 알맞게 적으세요.

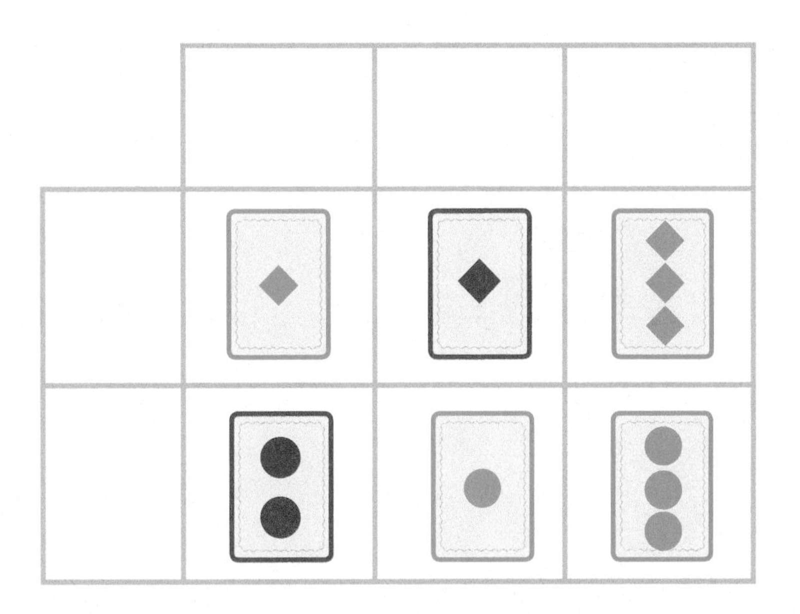

㉠ 3개의 도형	㉡ ○모양	㉢ 2개의 도형
㉣ □모양	㉤ ◇모양	㉥ 빨간색 카드
㉦ 파란색 카드	㉧ 1개의 도형	㉨ 카드 한 장

03 공통점이 있는 것끼리 두 바구니로 나누어 놓았을 때, 잘못 놓인 것을 찾아 ×표시하세요.

실력 쑥쑥 키우기

04 스티커 북의 도형을 보고 남는 도형이 없도록 분류할 때, 빈칸 □에 도형의 종류의 기호를 알맞게 적고 원 안에 알맞은 도형 스티커를 붙이세요.

㉠ 초록색인 도형　　㉡ 초록색이 아닌 도형

㉢ 큰 도형　　㉣ 작은 도형

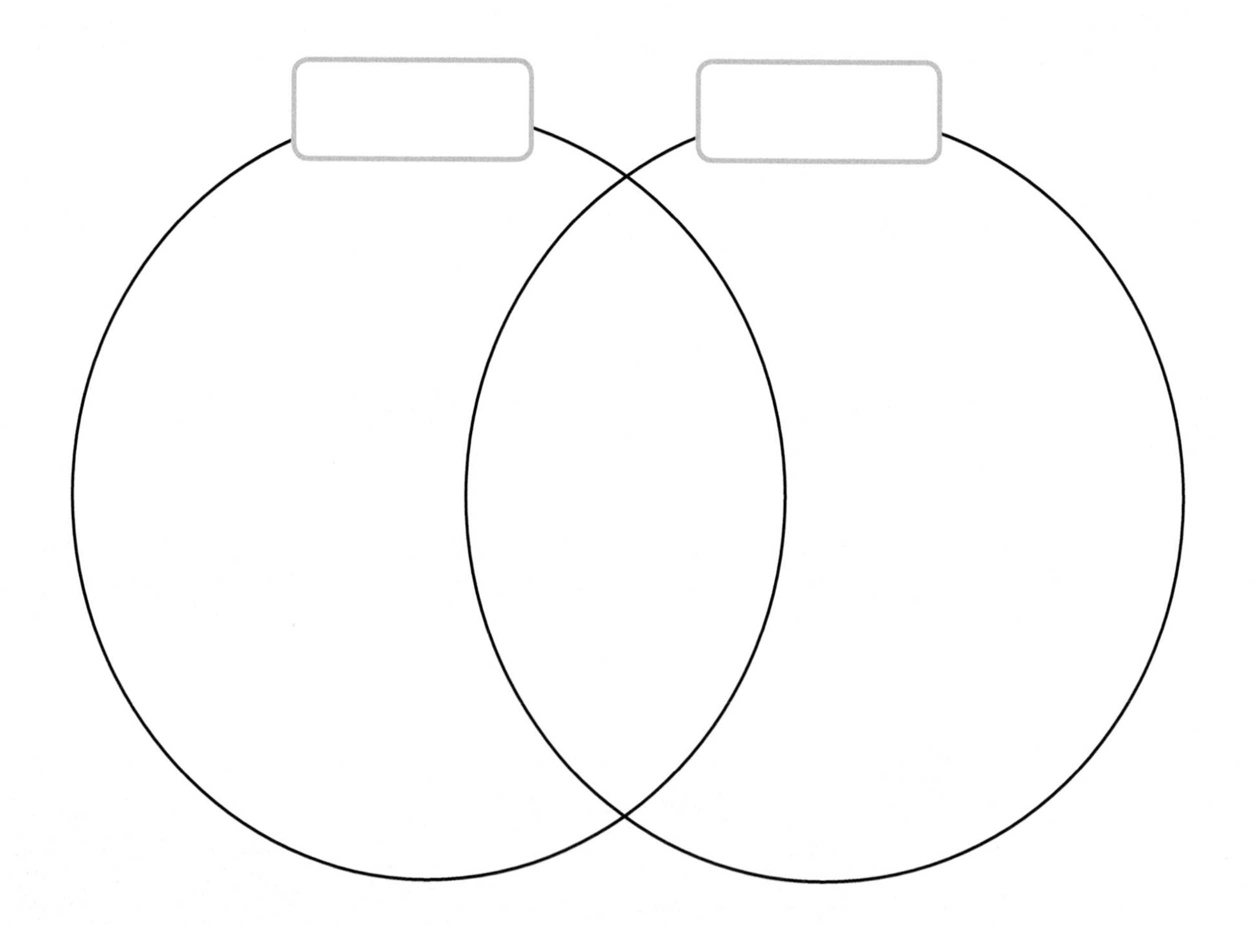

정답 및 풀이 P.15

05 주어진 구슬과 공통점이 없는 구슬을 한 개 찾아 ○ 표시하세요.

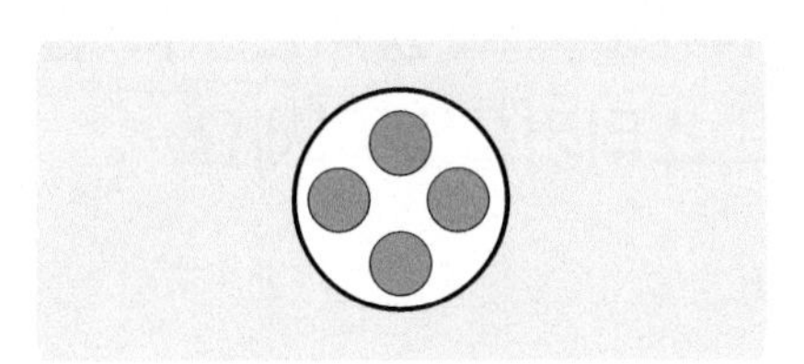

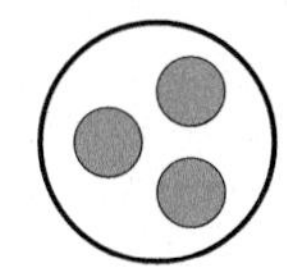 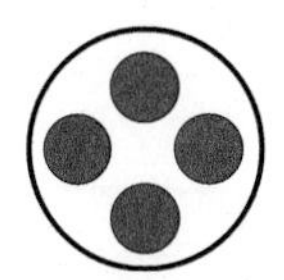 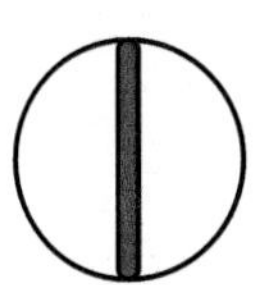

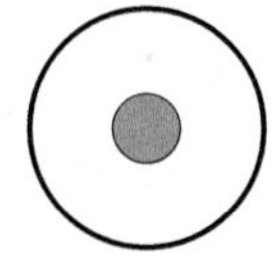 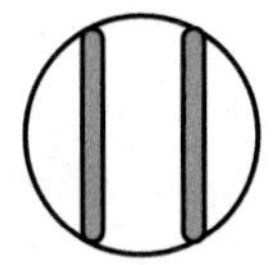 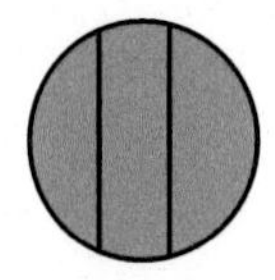

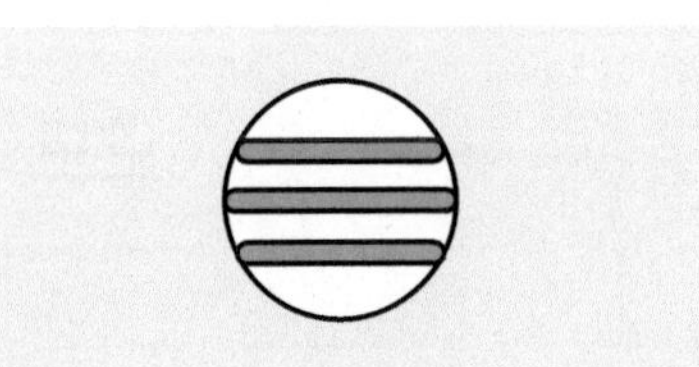

 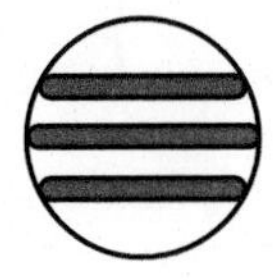 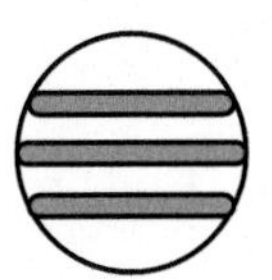

 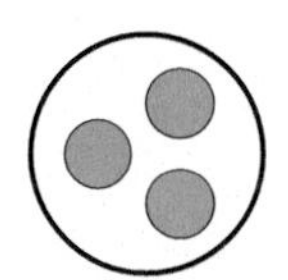 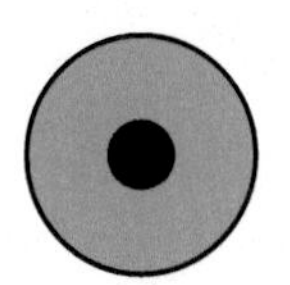

02 분류하기

실력 쑥쑥 키우기

06 제이는 어떤 두 가지 기준에 따라 카드를 미미와 모모로 말했습니다. 미미와 모모로 불리는 카드를 스티커 북에서 찾아 빈 곳에 카드 스티커를 붙이세요.

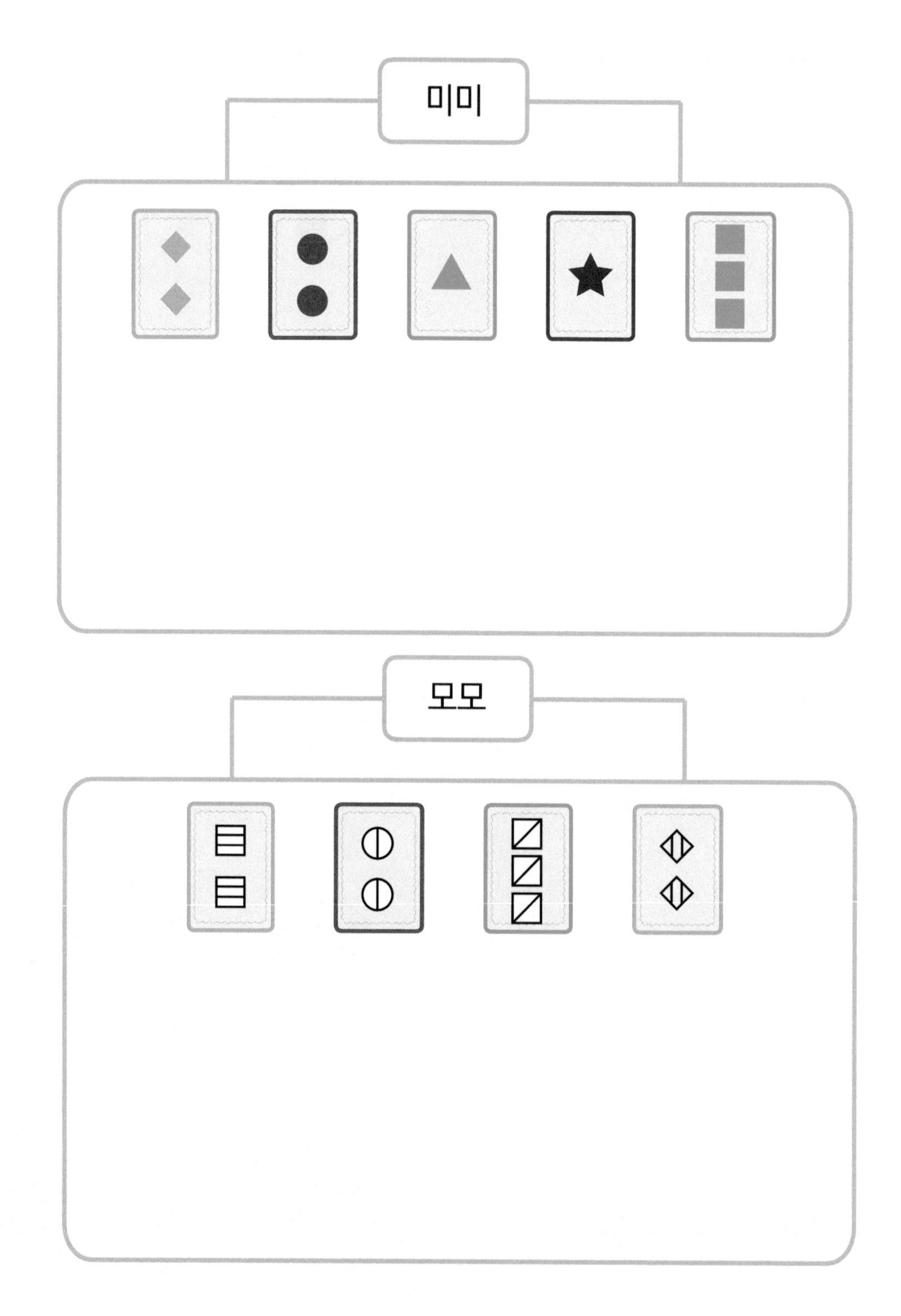

07 세 가지 기준으로 분류할 때, 파란색에 들어갈 도형을 찾아 기호로 적으세요.

창의융합문제

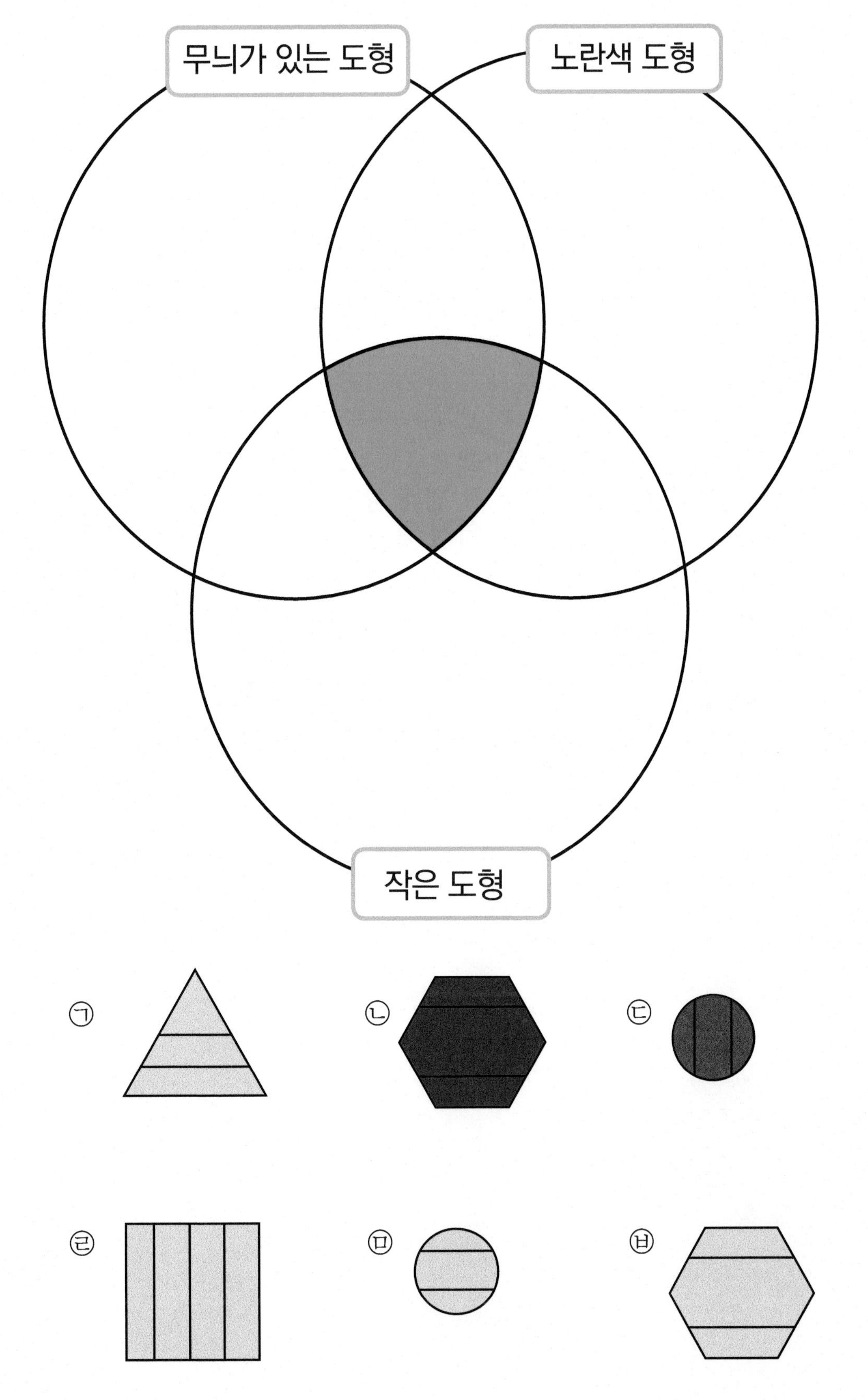

표와 그래프

제이야, 뭘 보고 있어?
오늘 일기예보! 왜 그래프로 나타낸 거지?
그래프로 나타내면 온도가 언제 높고 낮은지 쉽게 알 수 있지~
TUESDAY
WEDNESDAY
THURSDAY
FRIDAY
22°C
22°C
22°C
22°C
22°C
표로 나타내면 온도를 바로 알 수 있네~

3. 표와 그래프

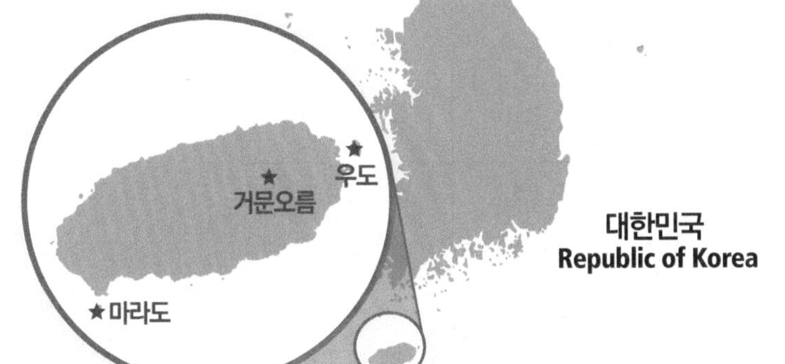

제주도 셋째 날 DAY 3

무우와 친구들은 제주도 여행 셋째 날, <우도>에 도착했어요. <우도> 에서 만날 수학 문제에는 어떤 것들이 있을까요? 즐거운 수학여행 출발~!

표로 나타내기

줄 서 있는 사람들을 보고 무우가 표를 만들었습니다. 표의 빈칸을 채우세요.

〈표〉

바지	치마
명	명

〈표〉

빨강	초록	노랑
명	명	명

바구니 안에 있는 구슬의 개수를 표로 나타냅니다.

〈표〉

구슬의 색	빨강	노랑	초록
개수	3개	4개	5개

바구니 안에 있는 과일을 세어 표를 완성하세요 .

〈표〉

과일	사과	포도	수박
개수	개	개	개

A 확인하기

01 주머니 안에 있는 구슬의 개수를 세어서 표를 만들었습니다. 알맞은 주머니와 표를 선으로 연결하세요.

색깔	빨강	노랑	초록
개수	2개	2개	1개

색깔	빨강	노랑	초록
개수	2개	1개	3개

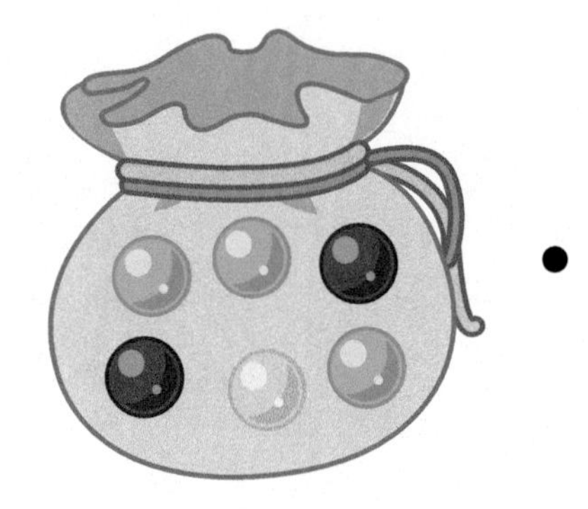

색깔	빨강	노랑	초록
개수	2개	3개	1개

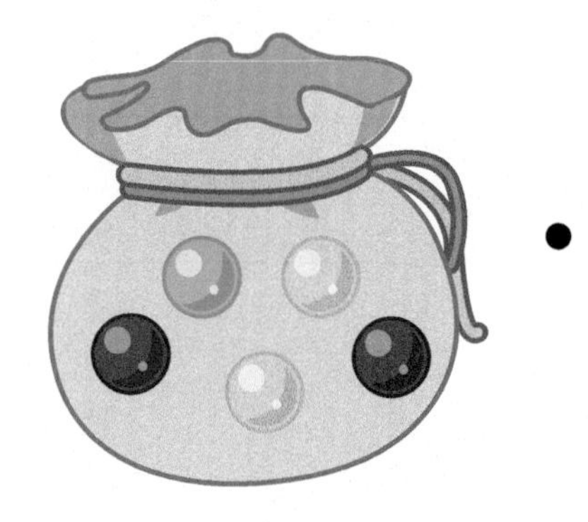

색깔	빨강	노랑	초록
개수	3개	2개	1개

정답 및 풀이 P.17

02 여러 가지 색깔의 물건을 세어서 표에 알맞은 수를 적으세요.

〈표〉

물건의 색	파랑	빨강	노랑
개수	개	개	개

03 바구니 안에 있는 과일의 개수를 세어 표로 나타낼 때, 빈칸에 알맞은 과일의 이름을 기호로 적으세요.

㉠ 수박 ㉡ 바나나 ㉢ 사과 ㉣ 포도

〈표〉

과일				
개수	5개	3개	6개	4개

A 확인하기

04 주머니 안에 있는 단추를 모양, 색깔, 구멍의 개수를 세어서 각 표의 빈칸을 채우세요.

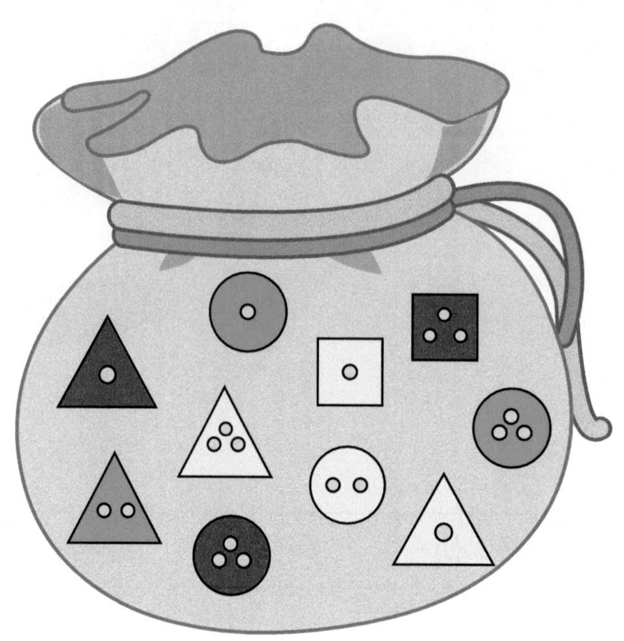

색깔	빨강	노랑	파랑
단추의 개수	개	개	개

모양			
단추의 개수	개	개	개

구멍의 개수			
단추의 개수	개	개	개

정답 및 풀이 P.17

05 무우네 반 친구들이 체육 시간에 하고 싶은 운동을 각각 말한 후, 표로 나타냈습니다. 표를 보고 무우는 어떤 운동을 하고 싶은지 적으세요.

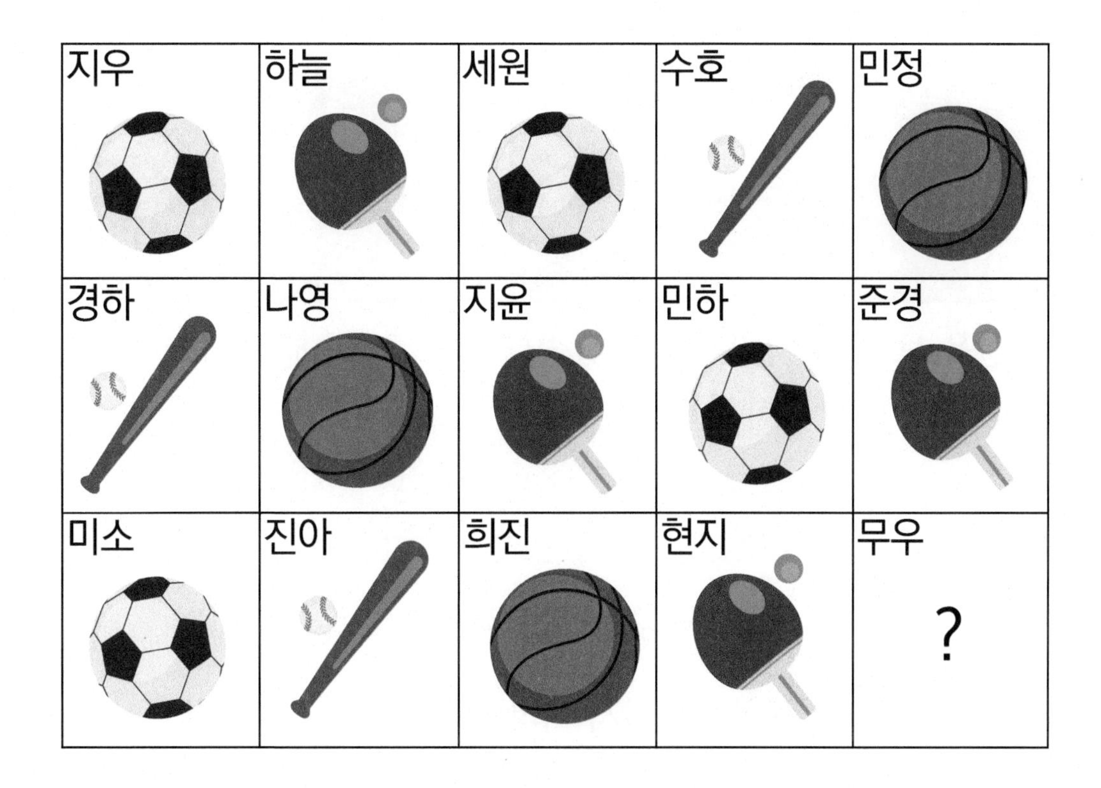

〈표〉

운동	야구	축구	농구	탁구
사람 수	3명	4명	3명	5명

B 그래프로 나타내기

유형 알아보기

풍선을 보고 네 사람이 대화했습니다. 이 대화에 맞게 빈칸에 ○를 그려 그래프를 완성하세요.

무우 : 노랑 풍선은 3개야!

제이 : 네 가지 색의 풍선은 모두 10개야!

상상 : 파랑 풍선이 가장 많은 4개야!

알알 : 빨강 풍선은 노랑 풍선보다 1개 적어!

〈그래프〉

5				
4				
3				
2				
1				
개수 / 색깔	초록	파랑	빨강	노랑

바구니 안에 있는 구슬의 개수를 그래프로 나타냅니다.

〈그래프〉

5			○
4		○	○
3	○	○	○
2	○	○	○
1	○	○	○
개수	빨강	노랑	초록

유형 풀어보기

무우네 반 친구들이 좋아하는 색을 각각 말한 후, 그래프로 나타냈습니다. 그래프를 완성하고 친구들이 가장 좋아하는 색은 무엇인지 적으세요.

지우	하늘	세원	수호	민정
경하	나영	지윤	민하	준경
미소	진아	희진	현지	무우

〈그래프〉

5				
4				
3	○			
2	○			
1	○			
사람의 수 / 색깔				

B 확인하기

01 사탕의 맛과 모양에 따라 그래프로 나타내려고 합니다. 아래에서부터 ○를 그려 그래프를 각각 완성하세요.

5			
4			
3			
2			
1			
개수 / 맛	딸기	녹차	레몬

6		
5		
4		
3		
2		
1		
개수 / 모양	막대 사탕	봉지 사탕

정답 및 풀이 P.18

02 13명의 학생들이 좋아하는 과목을 조사해 그래프로 나타냈습니다. 과학을 좋아하는 학생은 모두 몇 명인지 그래프에 그리세요.

5				○
4				○
3			○	○
2	○		○	○
1	○		○	○
사람의 수 / 과목	수학	과학	영어	국어

03 각 도시의 온도를 보고 그래프를 완성하세요.

서울 : 2도 대전 : 4도
대구 : 6도 부산 : 5도

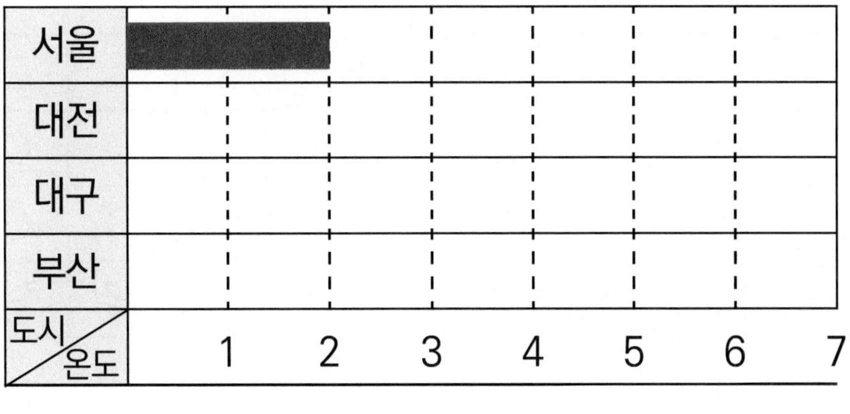

서울	■	■					
대전							
대구							
부산							
도시 / 온도	1	2	3	4	5	6	7

B 확인하기

04 세 사람의 대화를 보고 알맞은 그래프를 찾아 기호로 적으세요.

무우 : 초록 구슬이 가장 많네!

제이 : 파랑 구슬의 개수는 3개야!

상상: 빨강 구슬은 파랑 구슬보다 2개 적네!

㉠

4			
3		○	○
2		○	○
1	○	○	○
개수/색	빨강	초록	파랑

㉡

4		○	
3		○	○
2		○	○
1	○	○	○
개수/색	빨강	초록	파랑

㉢

4			
3		○	
2		○	○
1	○	○	○
개수/색	빨강	초록	파랑

㉣

4			○
3		○	○
2	○	○	○
1	○	○	○
개수/색	빨강	초록	파랑

05 주머니 안에 있는 구슬의 개수를 세어 그래프를 만들었습니다. 알맞은 주머니와 그래프를 선으로 연결하세요.

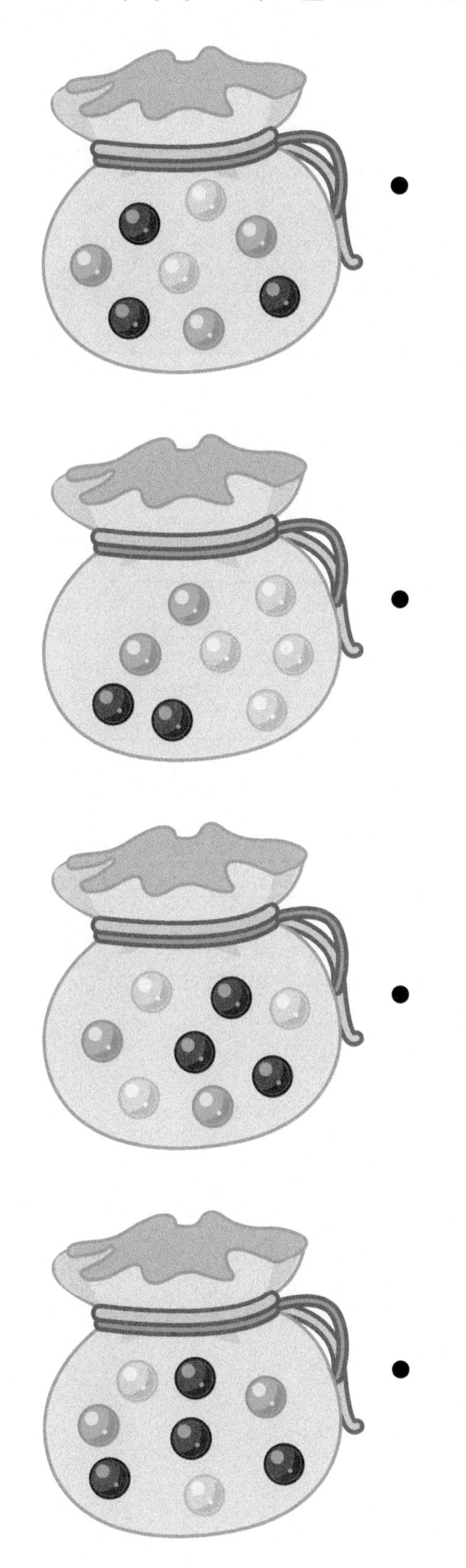

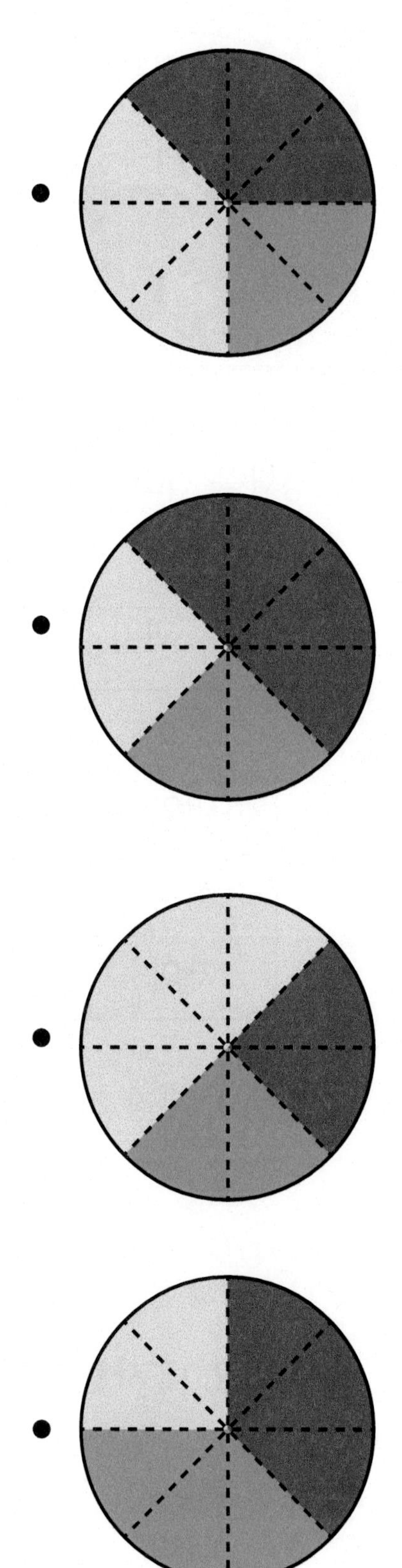

표와 그래프 해석하기

네 사람이 각자 담은 과일을 표로 나타냈습니다. 주어진 질문에 알맞은 정답을 적으세요.

사람 \ 과일	딸기	포도	레몬	바나나
무우	1개	2개	2개	2개
알알	1개	1개	2개	2개
상상	3개	2개	1개	1개
제이	1개	1개	1개	2개

질문 1. 가장 적은 과일을 담은 사람은 누구인가요?

질문 2. 네 사람의 과일을 모두 합쳤을 때, 어떤 과일이 가장 많을까요?

표와 그래프로 단추의 색과 구멍의 개수가 가장 많은지 알 수 있습니다.

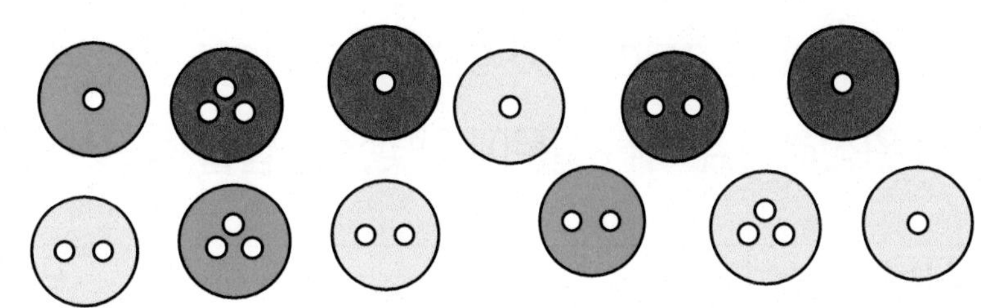

〈표〉

단추의 색	빨강	파랑	노랑
단추의 개수	4개	3개	5개

〈그래프〉

5	○		
4	○	○	
3	○	○	○
2	○	○	○
1	○	○	○
단추의 구멍	1개	2개	3개

노란색 단추가 가장 많고 구멍이 1개인 단추가 가장 많습니다.

달력에 적힌 날씨를 보고 빈칸에 ○와 개수를 적어 그래프를 완성하세요.

		1	2	3	4	5
6	7	8	9	10	11	12
13	14	15	16	17	18	19

: 비

	날씨	개수
바람	○ ○	2
흐림		
비		
화창		

C 확인하기

01 무우네 반 친구들이 각자 먹고 싶은 사탕을 골랐습니다. 그래프와 표를 각각 완성하고 주어진 질문에 알맞은 정답을 적으세요.

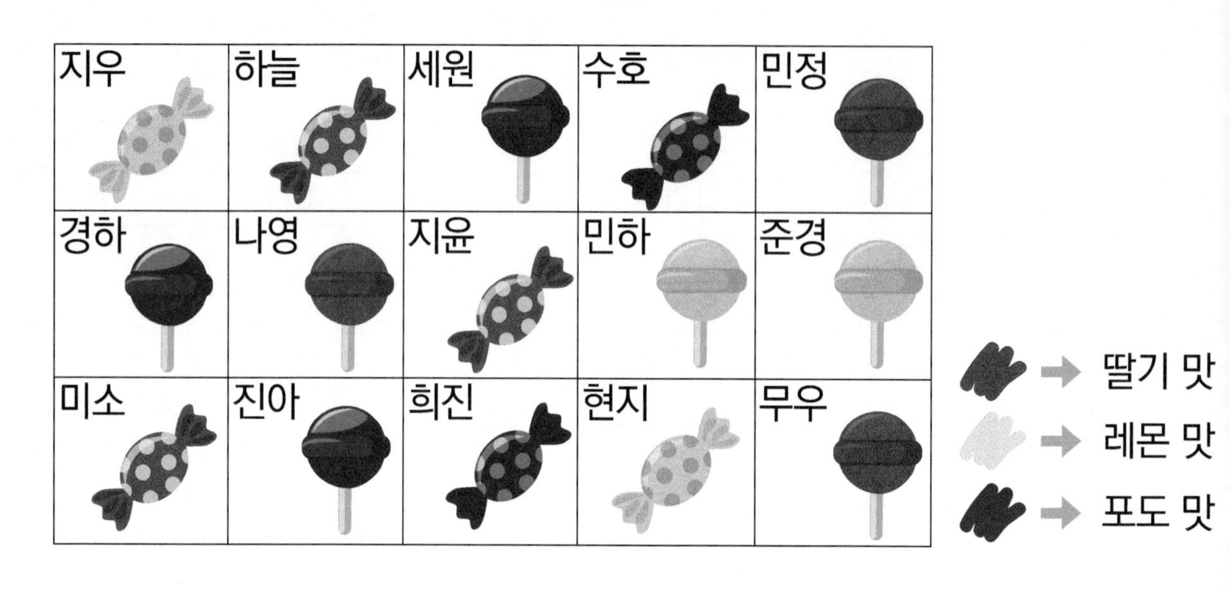

〈그래프〉

	1	2	3	4	5	6	7	8	9
막대 사탕									
봉지 사탕									

〈표〉

사탕의 맛	딸기	포도	레몬
사람의 수	명	명	명

질문 1. 더 많은 사람이 먹고 싶은 사탕의 모양은 무엇인가요?

질문 2. 가장 많은 사람이 먹고 싶은 사탕의 맛은 무엇인가요?

정답 및 풀이 P.20

02 주머니 안에 있는 구슬의 개수를 세어 두 그래프로 나타내세요.

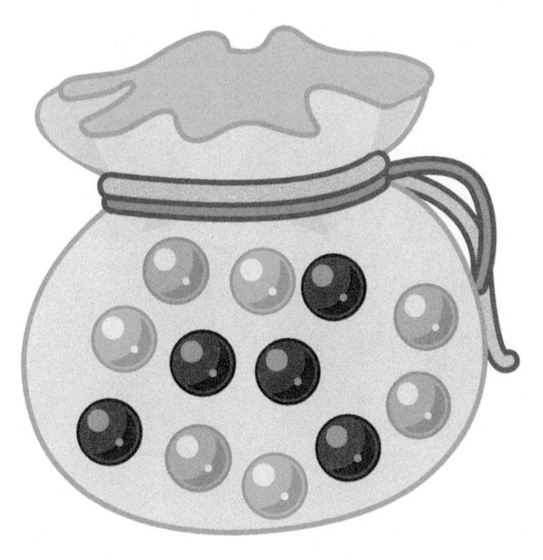

5			
4			
3			
2			
1			
개수/색	빨강	초록	파랑

(동그라미를 그리세요.)

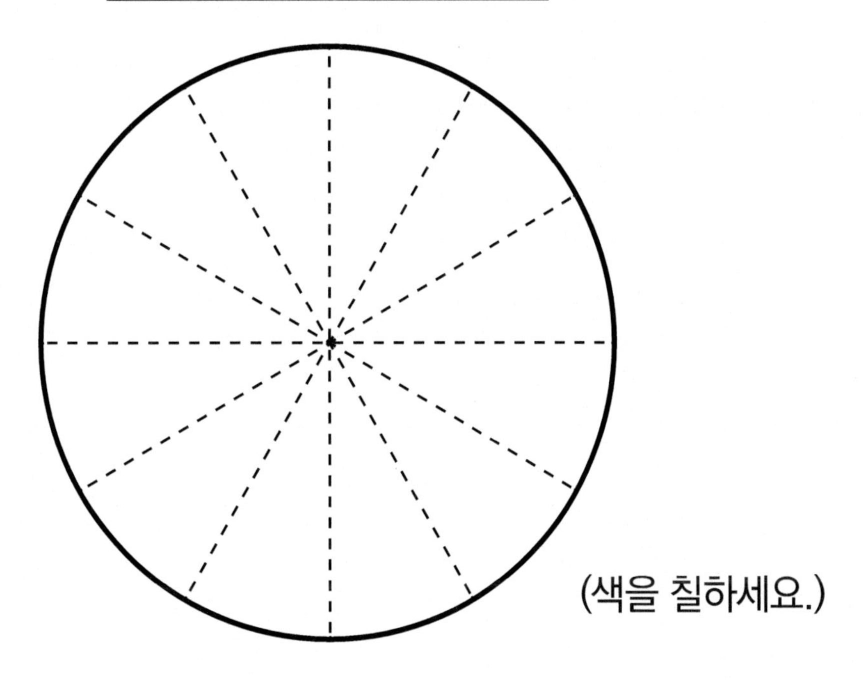

(색을 칠하세요.)

C 확인하기

03 도형을 분류하여 표와 그래프를 완성한 후, 네 사람의 대화를 보고 잘못 말한 사람을 찾아 이름을 적으세요.

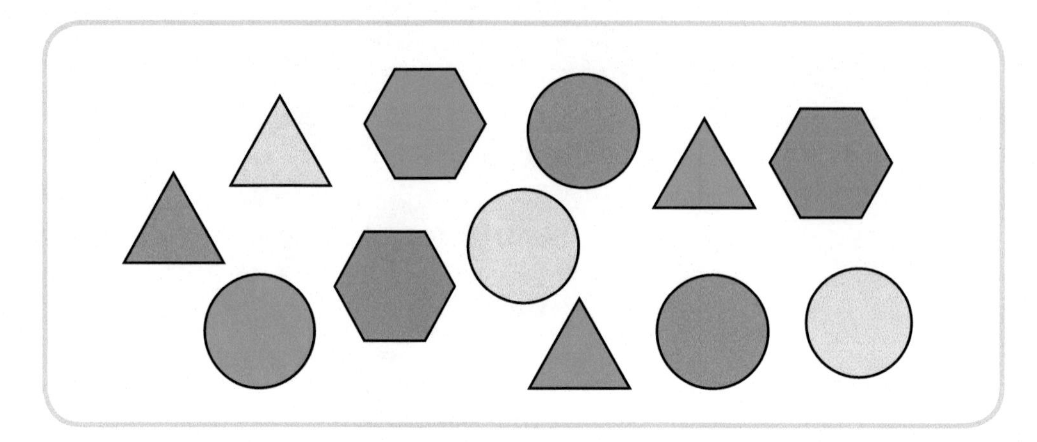

〈표〉

색깔	파랑	노랑	초록
개수	개	개	개

〈그래프〉

5			
4			
3			
2			
1			
개수/모양	○	△	⬡

무우 : ○모양이 가장 많아!

제이 : 초록색 도형이 가장 많아!

상상 : 노란색 도형이 파란색 도형보다 2개 적네!

알알 : 개수가 가장 적은 모양은 ⬡이야!

04 네 사람이 각자 가지고 있는 구슬의 개수를 표와 그래프로 나타냈습니다. 주어진 질문에 알맞은 정답을 적으세요.

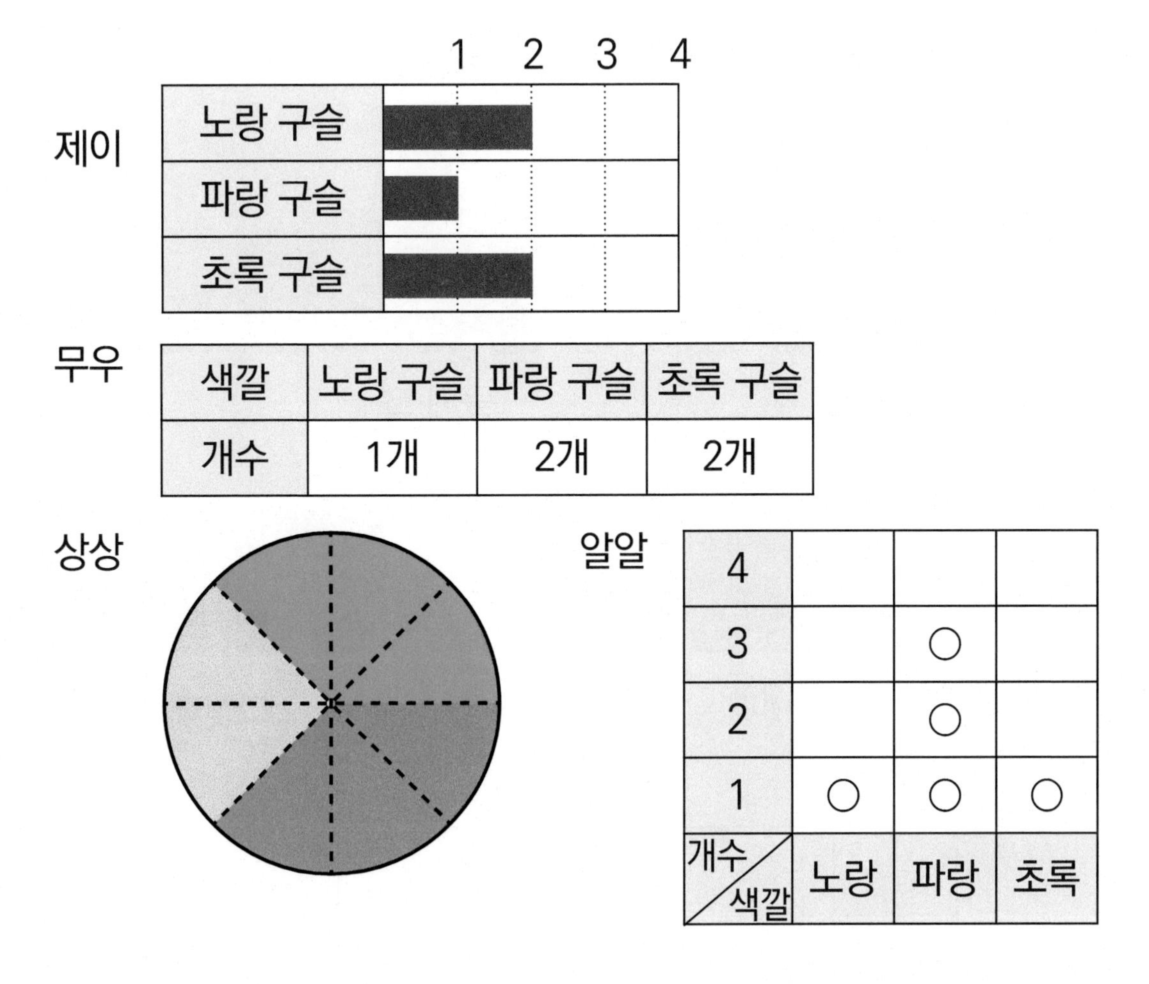

무우

색깔	노랑 구슬	파랑 구슬	초록 구슬
개수	1개	2개	2개

알알

4			
3		○	
2		○	
1	○	○	○
개수/색깔	노랑	파랑	초록

질문 1. 가장 많은 구슬을 가진 사람은 누구인가요?

질문 2. 네 사람이 가진 구슬을 모두 합하여 표로 나타내세요.

색깔	노랑 구슬	파랑 구슬	초록 구슬
개수	개	개	개

질문 3. 네 사람의 구슬을 모두 합쳤을 때, 어떤 색의 구슬이 가장 많을까요?

03 표와 그래프

실력 쑥쑥 키우기

01 제이는 매일 10개의 달걀을 받습니다. 그림과 같이 달걀이 남았을 때, 제이가 그날 먹은 달걀의 개수를 그래프로 나타내세요.

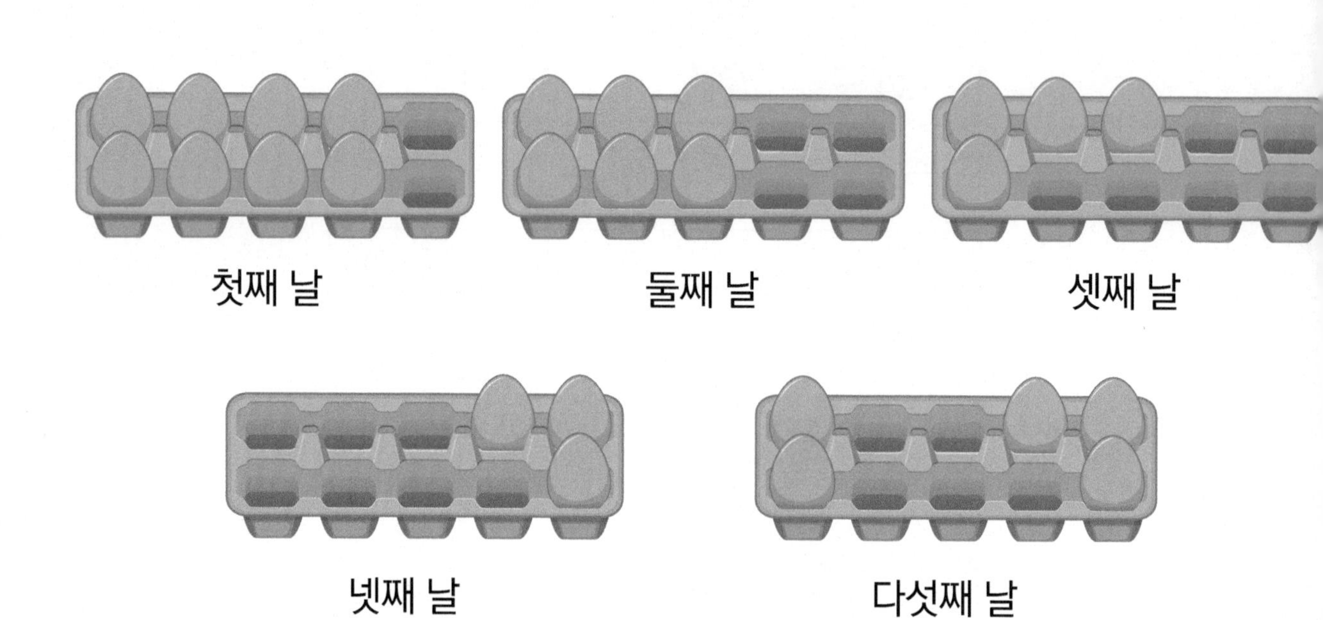

7					
6					
5					
4					
3					
2					
1					
개수 / 날짜	첫째 날	둘째 날	셋째 날	넷째 날	다섯째 날

02 무우가 말하는 그래프를 찾아 알맞은 기호를 적으세요.

내 주머니 안에는 구슬이 모두 8개 있어!
그중에 파란색 구슬이 3개 있고 빨간색
구슬이 2개 있지. 나머지는 모두
노란색 구슬이야!

㉠
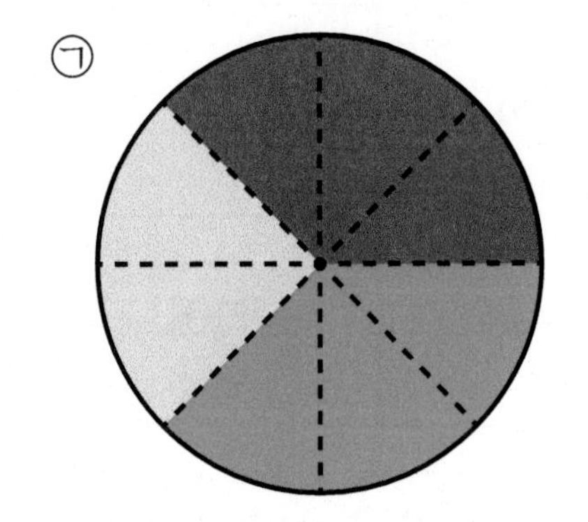

㉡
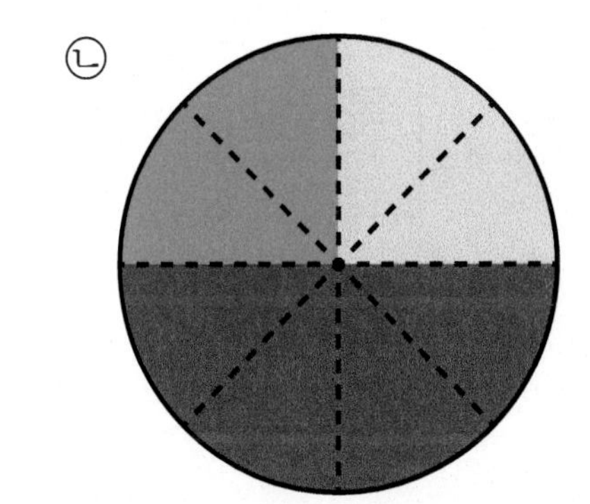

㉢
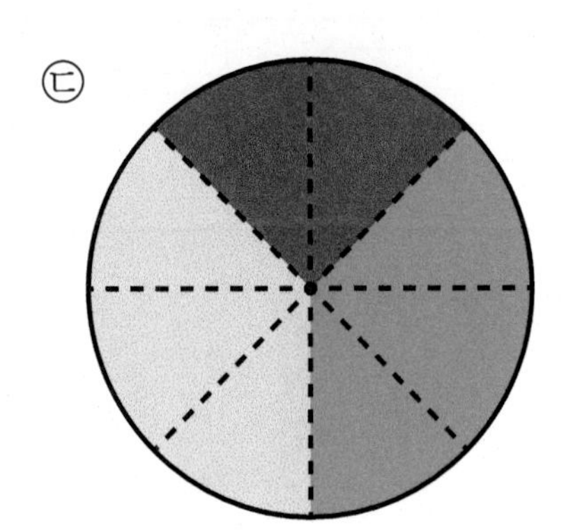

㉣
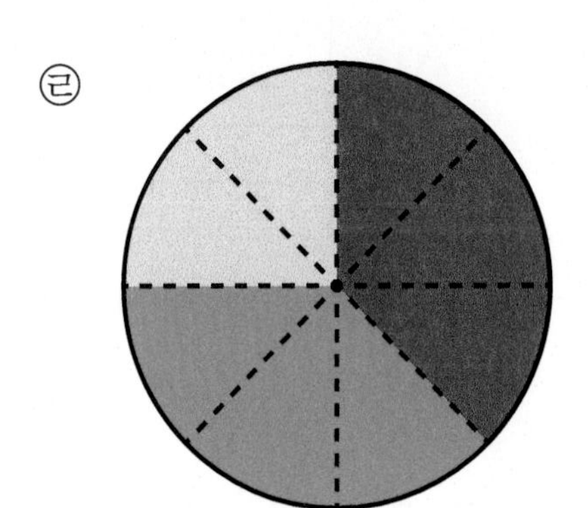

실력 쑥쑥 키우기

03 무우는 각 과목을 한 시간씩 공부하는 계획을 표로 나타냈습니다. 주어진 질문에 알맞은 정답을 적으세요.

	오전	오후	저녁
월요일	수학	영어	국어
화요일	영어	국어	영어
수요일	과학	과학	수학
목요일	영어	국어	수학
금요일	수학	과학	영어

질문 1. 각 과목을 몇 번씩 공부하는지 표로 나타내세요.

과목	수학	과학	국어	영어
횟수	번	번	번	번

질문 2. 가장 여러 번 공부하는 과목을 적으세요.

질문 3. 영어 공부를 안 하는 요일을 적으세요.

질문 4. 저녁에 공부를 안 하는 과목을 적으세요.

정답 및 풀이 P.22

04 개나리반, 별님반, 달님반 친구들이 좋아하는 간식을 조사하여 표로 나타낸 것입니다. 각 기호에 알맞은 학생 수를 구하세요.

간식 / 반	피자	햄버거	치킨	빵	합계
개나리반	3명	2명	3명	1명	㉡
별님반	㉠	2명	3명	㉢	11명
달님반	2명	3명	㉣	4명	㉤
합계	8명	㉥	8명	8명	31명

㉠ : ________명　　㉡ : ________명

㉢ : ________명　　㉣ : ________명

㉤ : ________명　　㉥ : ________명

실력 쑥쑥 키우기

05 세 사람이 10번씩 가위바위보를 했습니다. 한 번 이길 때마다 1점씩 얻을 때, 점수가 높은 순서대로 이름을 적으세요.

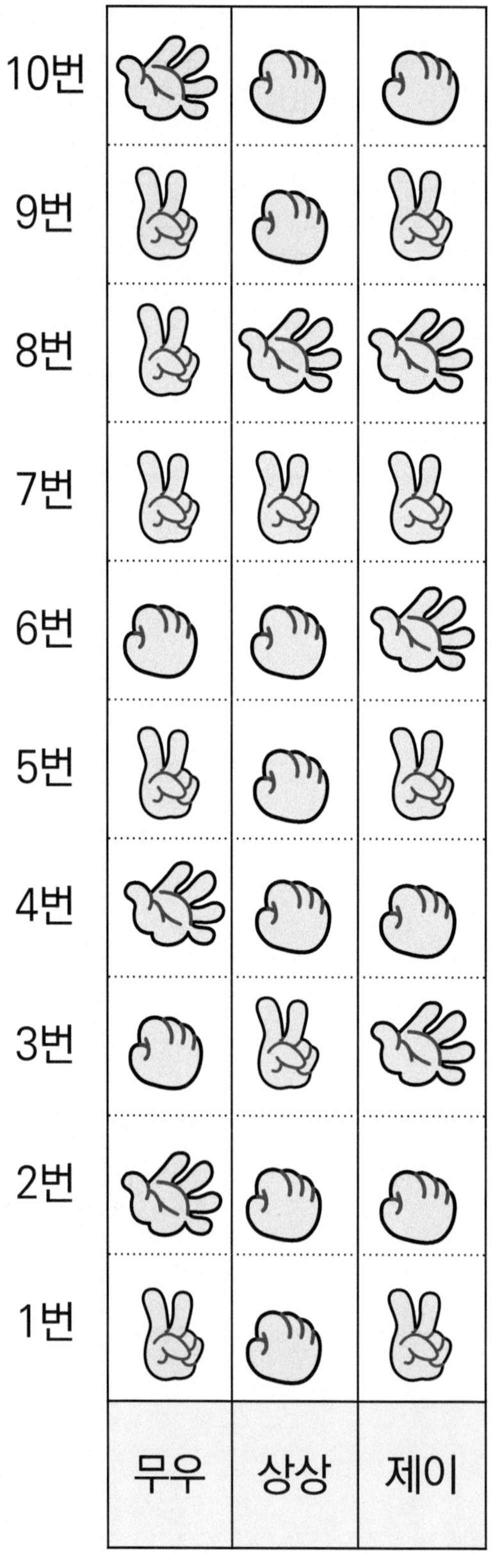

10번			
9번			
8번			
7번			
6번			
5번			
4번			
3번			
2번			
1번			
	무우	상상	제이

정답 및 풀이 P.22

06 창의융합문제

네 사람의 대화 내용을 보고 일주일 날씨를 표에 그리고 기온 그래프를 완성하세요.

무우 : 휴일에는 비 오는 날보다 4도 더 높은 화창한 날이네!

제이 : 화요일과 금요일에 비가 오고 기온이 3도야!

상상 : 비가 오기 전에는 날씨가 흐리고 비 오는 날보다 기온이 1도 더 낮네~

알알 : 수요일에는 바람이 많이 불고 0도로 춥네~!

: 바람

: 흐림

: 비 : 화창

〈날씨〉

월요일	화요일	수요일	목요일	금요일	토요일	일요일

〈기온〉

월요일							
화요일							
수요일							
목요일							
금요일							
토요일							
일요일							
요일 / 기온		1	2	3	4	5	6	7

말의 뜻

아빠랑 아버지 라는 말의 뜻이 뭐야?
아빠랑 아버지 라는 말은 서로 같은 뜻이야!
위, 아래와 같이 반대되는 말도 있지~
아하~ 말의 뜻을 잘 알아야겠네~!

4. 추론하기

제주도 넷째 날 DAY 4

무우와 친구들은 제주도 여행 넷째 날, <한라산>을 여행할 예정이에요. <한라산> 에서 만날 수학 문제는 어떤 것들이 있을까요?

유비 추론

여러 가지 카드를 보고 빈칸에 들어갈 알맞은 카드를 그리세요.

 : 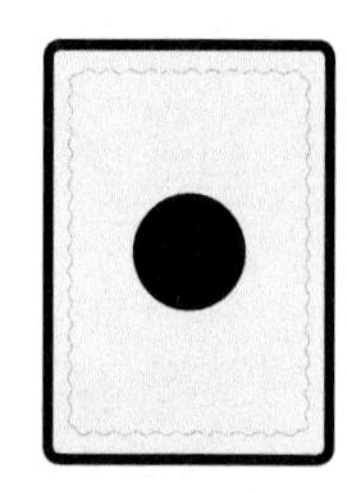 =  : 

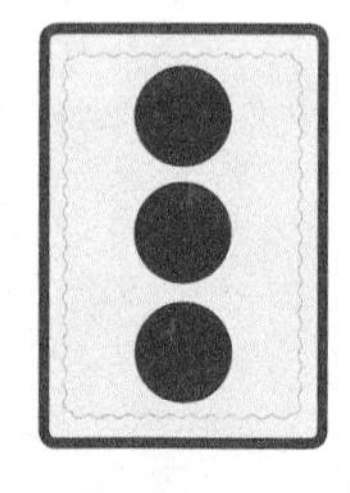 :  =  : 

 : 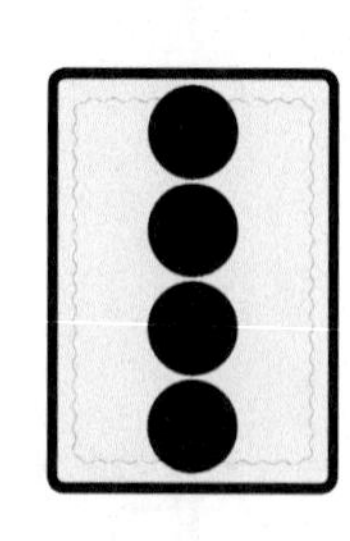 = 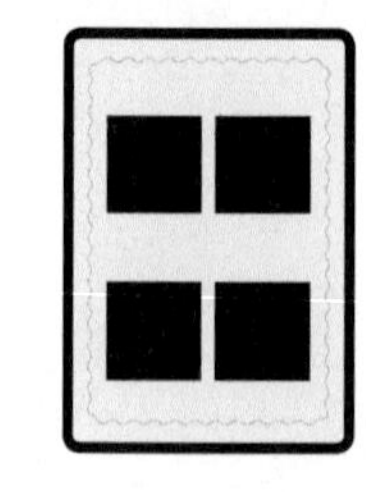 : 

 :  =  : 

정답 및 풀이 P.23

유비 추론은 두 그림이나 단어의 관계를 찾아 빈칸에 들어갈 그림이나 단어를 유추하는 것입니다.

도로	자동차	:	바다	?

도로 위를 달리는 것은 자동차이고, 바다 위를 떠다니는 것은 배입니다.
물음표에 들어갈 단어는 "배"입니다.
도로와 자동차의 관계는 바다와 배의 관계와 같습니다.

관계를 찾아 빈칸에 알맞은 도형을 그리세요 .

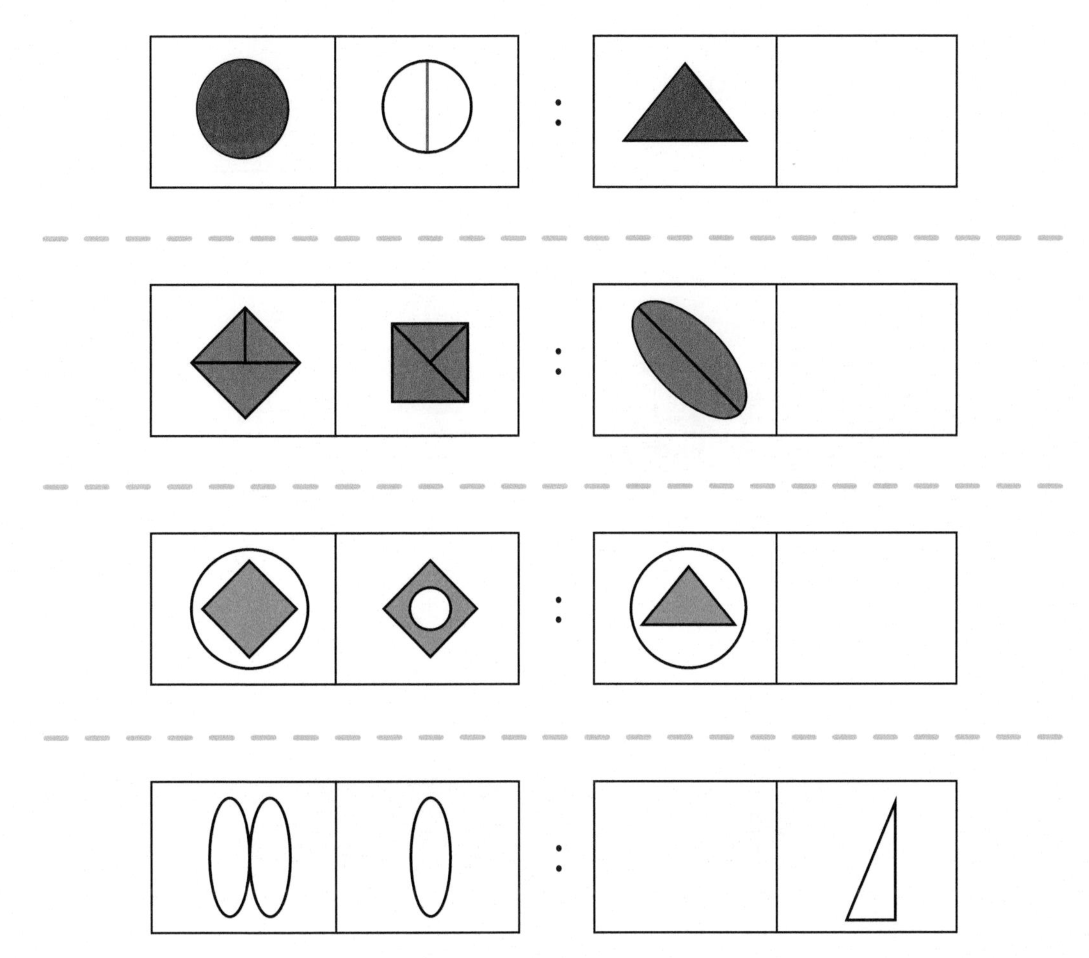

A 확인하기

01 빈칸에 들어갈 그림을 찾아 빈칸에 기호를 적으세요.

 : 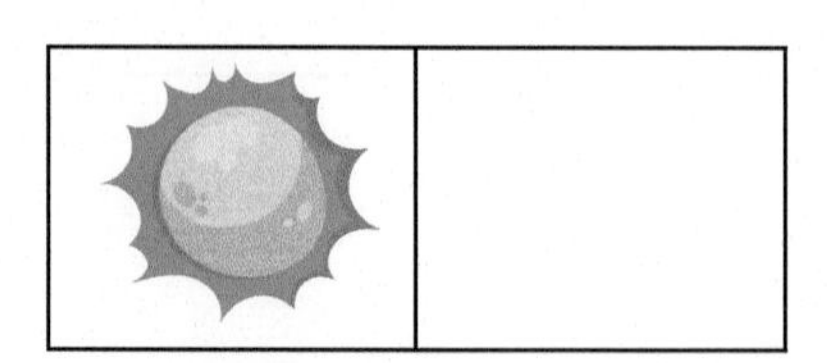

 : 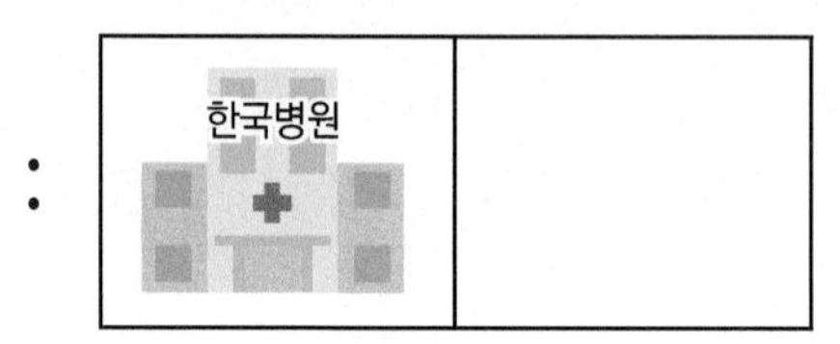

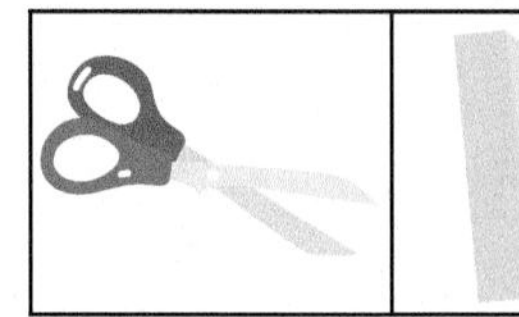 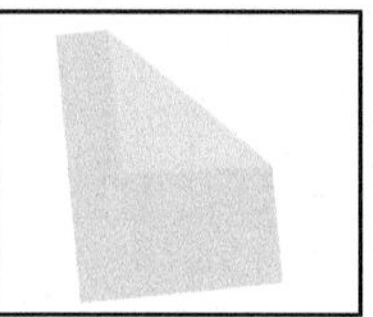 : 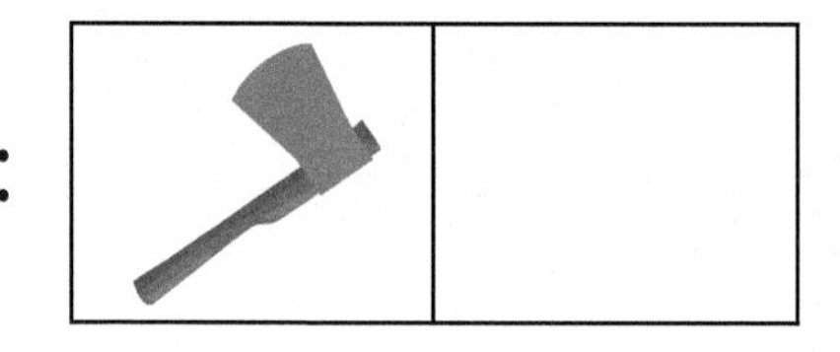

부억 : 화장실

㉠ 

㉡ 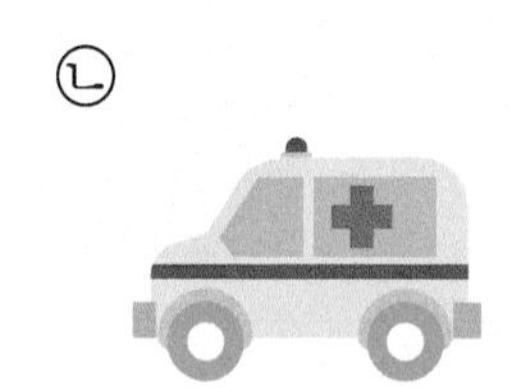

㉢ 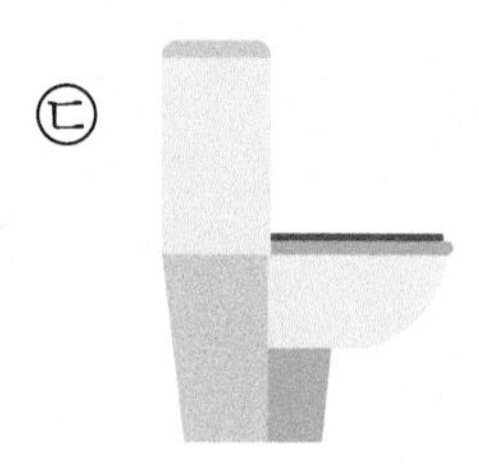

㉣ 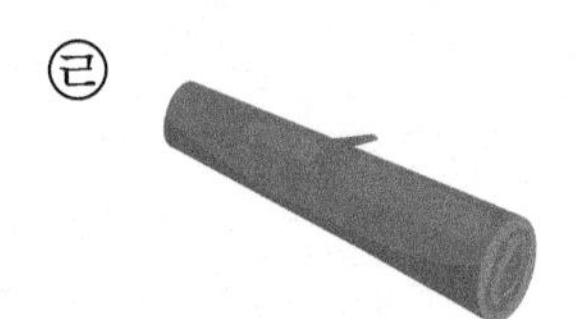

㉤ 

㉥ 

정답 및 풀이 P.24

02 관계가 서로 같은 것끼리 선으로 연결하세요.

A 확인하기

03 빈칸에 들어갈 도형을 〈보기〉에서 찾아 기호를 적으세요.

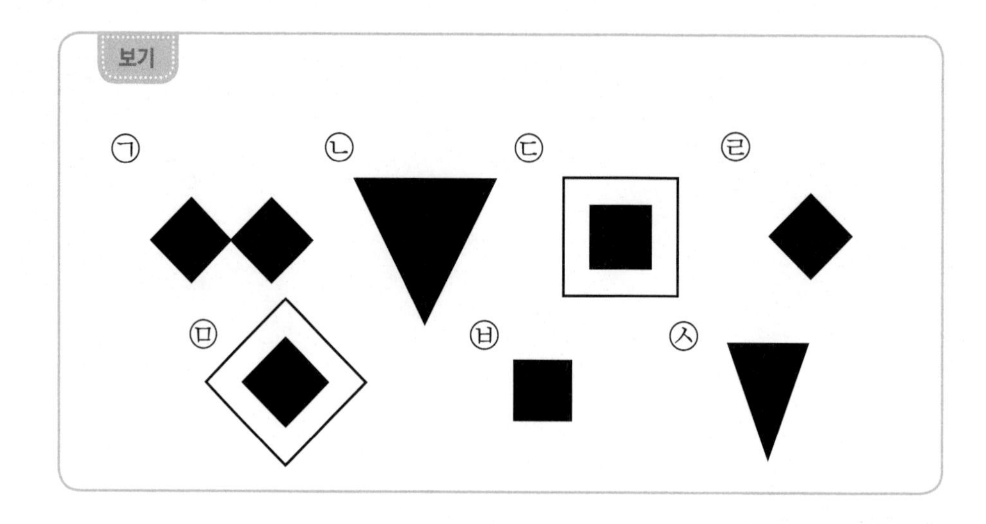

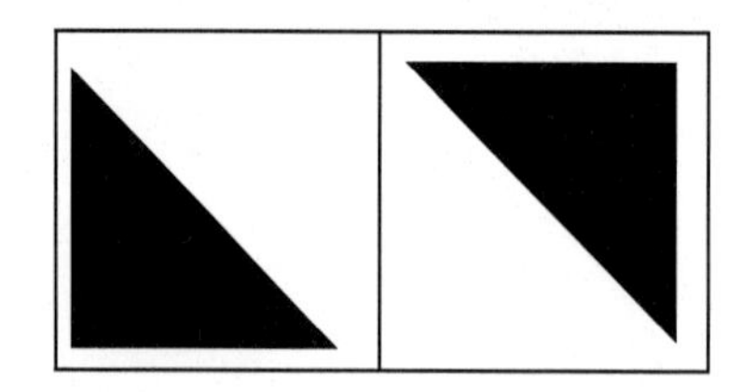 : 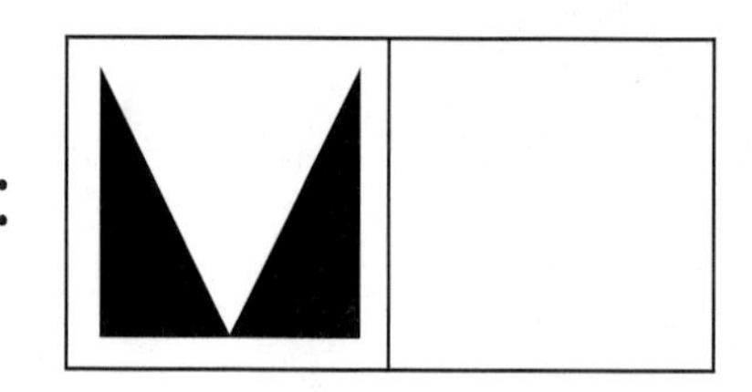

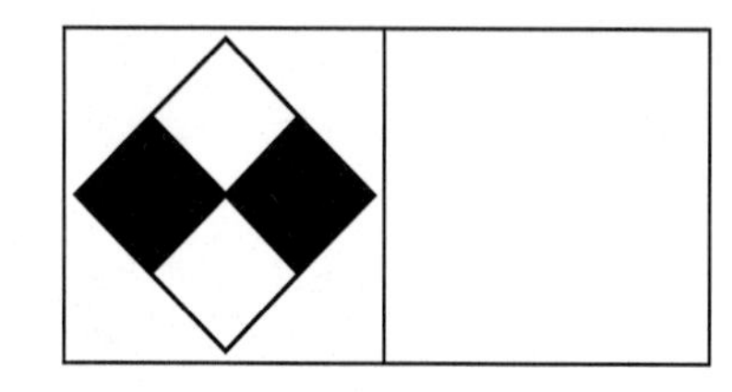 : 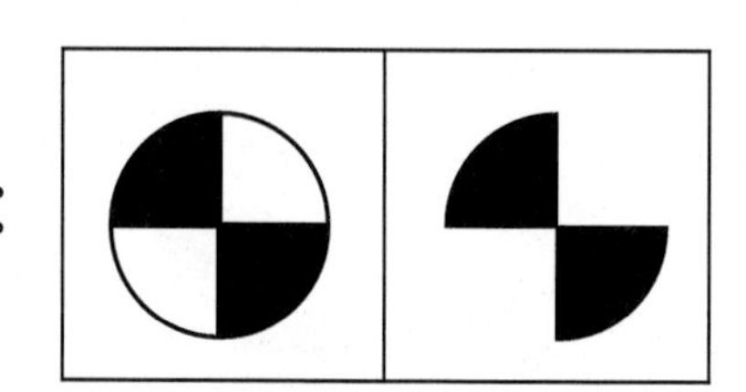

 : 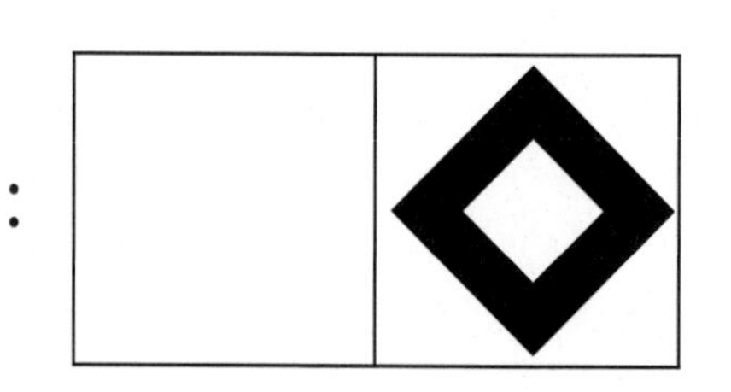

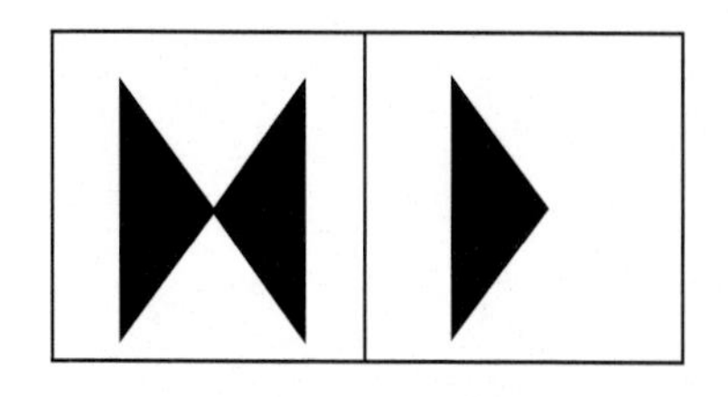 : 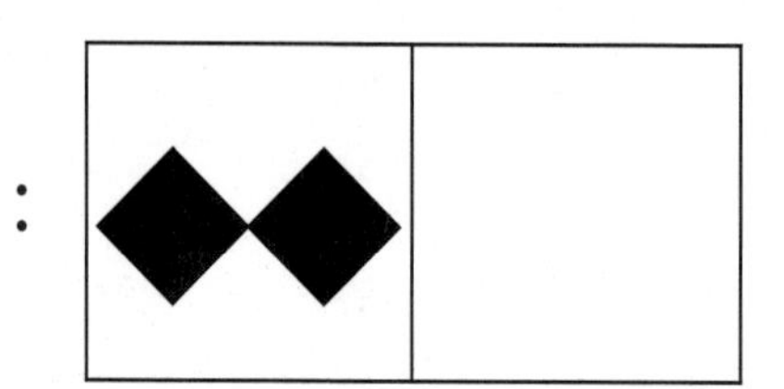

정답 및 풀이 P.24

04 빈칸에 들어갈 단어 또는 숫자를 써넣으세요.

보기

봄 여름 가을 겨울 1 3 2 5 6

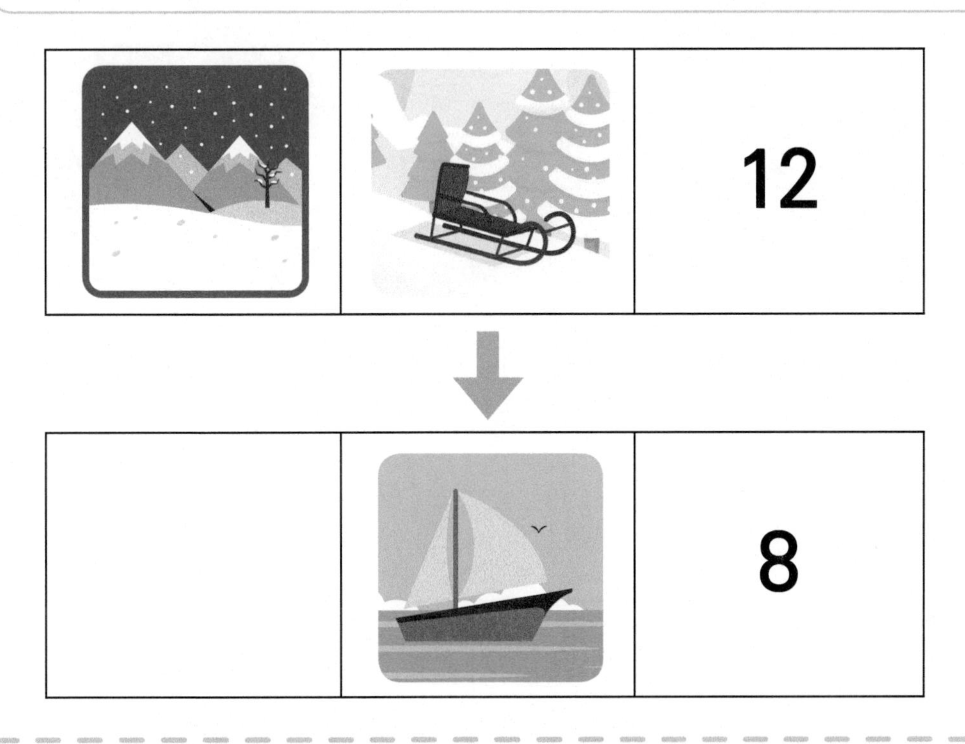

B 논리 추론

유형 알아보기

무우, 상상, 알알이가 파랑, 노랑, 빨강 구슬 중 하나의 구슬을 가지고 있습니다. 제이가 질문한 내용을 보고 각각 가지고 있는 구슬의 색을 찾아 빈칸에 적으세요.

제이의 질문	파랑 구슬을 가지고 있어?	노랑 구슬을 안 가지고 있어?	가지고 있는 구슬의 색
무우	아니	응	
상상	아니	아니	
알알	응	응	

정답 및 풀이 P.25

주어진 조건을 통해 표에 ○와 × 표시하면서 논리 추론을 합니다.
무우, 제이, 상상이가 사과, 딸기, 바나나 중에 한 개씩 선택한다면, 각 줄에 ○가 한 개씩 있어야 합니다.

제이 : 나는 사과를 먹기 싫어~
무우 : 나는 바나나를 먹을거야!

	무우	제이	상상
사과	×	×	○
딸기	×	○	×
바나나	○	×	×

제이와 무우의 대화를 통해, 무우는 바나나, 제이는 딸기, 상상이는 사과를 먹게 됩니다.

세 사람이 각자 수학 , 영어 , 미술 학원 중 한 곳만을 다닐 때 , 대화 내용을 보고 누가 어떤 학원에 다니는지 적으세요 .

무우 : 난 수학 학원을 안 다녀!

제이 : 난 영어 학원에 다녀!

무우 : ____________________

제이 : ____________________

상상 : ____________________

B 확인하기

01 세 사람이 각자 서로 다른 계절을 좋아합니다. 대화 내용을 보고 표를 완성하여 세 사람이 모두 좋아하지 않는 계절은 무엇인지 적으세요.

 무우 : 난 꽃이 피는 봄이 좋아!

 상상 : 난 추운 겨울을 안 좋아해!

 알알 : 낙엽이 좋아서 난 가을이 좋아~

〈표〉

	봄	여름	가을	겨울
무우				
상상				
알알				

정답 및 풀이 P.25

02 무우, 상상, 제이가 사탕, 빵, 초콜릿 중 한 개씩 가지고 있습니다. 알알이가 질문한 내용을 보고 각각 가지고 있는 간식을 적으세요.

알알이의 질문	사탕을 가지고 있어?	빵을 가지고 있어?
무우	아니	응
제이	아니	아니

무우 :____________ 제이 :____________

상상 :____________

B 확인하기

03 무우, 상상, 알알이가 등교할 때, 버스, 지하철, 자전거 중 서로 다른 교통수단을 이용합니다. 제이의 질문에 맞으면 ○, 틀리면 ×로 말했을 때, 세 사람이 이용한 교통수단을 각각 적으세요.

버스 타고 왔어?

×

지하철 타고 왔어?

×

자전거 타고 왔어?

○

무우 : ______________　　알알 : ______________

상상 : ______________

04 무우, 상상, 알알, 제이가 각자 서로 다른 운동을 하고 있습니다. 내용을 읽고 표를 완성하여 상상이가 하고 있는 운동은 무엇인지 적으세요.

제이는 축구를 하고 있지 않습니다.
무우는 농구를 하고 있습니다.
알알이는 수영과 축구를 하고 있지 않습니다.

〈표〉

	수영	농구	태권도	축구
무우				
상상				
알알				
제이				

상상 : ____________

C 여러 가지 논리 퍼즐

네 사람이 각자 집으로 돌아가려고 합니다. 모든 칸을 한 번씩만 지나도록 네 사람이 지나가는 칸을 선으로 그으세요.

		알알이	
무우		무우의 집	
	상상이의 집	제이	알알이의 집
	제이의 집		상상이

벽면이 세워진 길로만 지나가야 하는 퍼즐에서 갈 수 있는 길을 찾아 선으로 연결합니다. 처음에 갈 수 있는 길이 두 곳일 경우, 그다음에 갈 수 없는 길을 제외합니다.

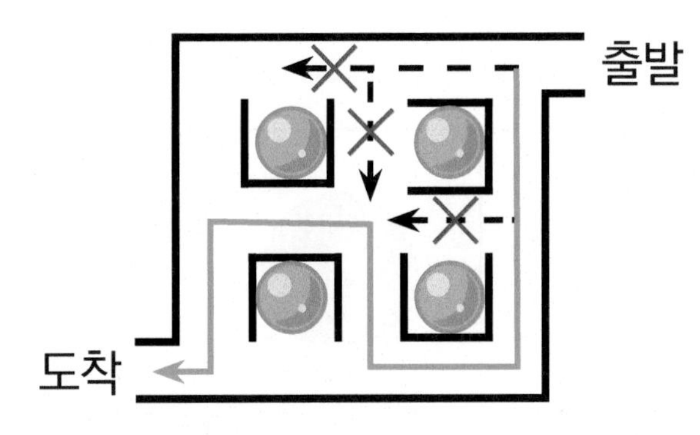

파란색 길을 따라 가면 도착할 수 있습니다.

구슬을 둘러싼 벽면을 따라 지나갈 수 있습니다. 출발점에서 도착점까지 가는 길을 선으로 그으세요.

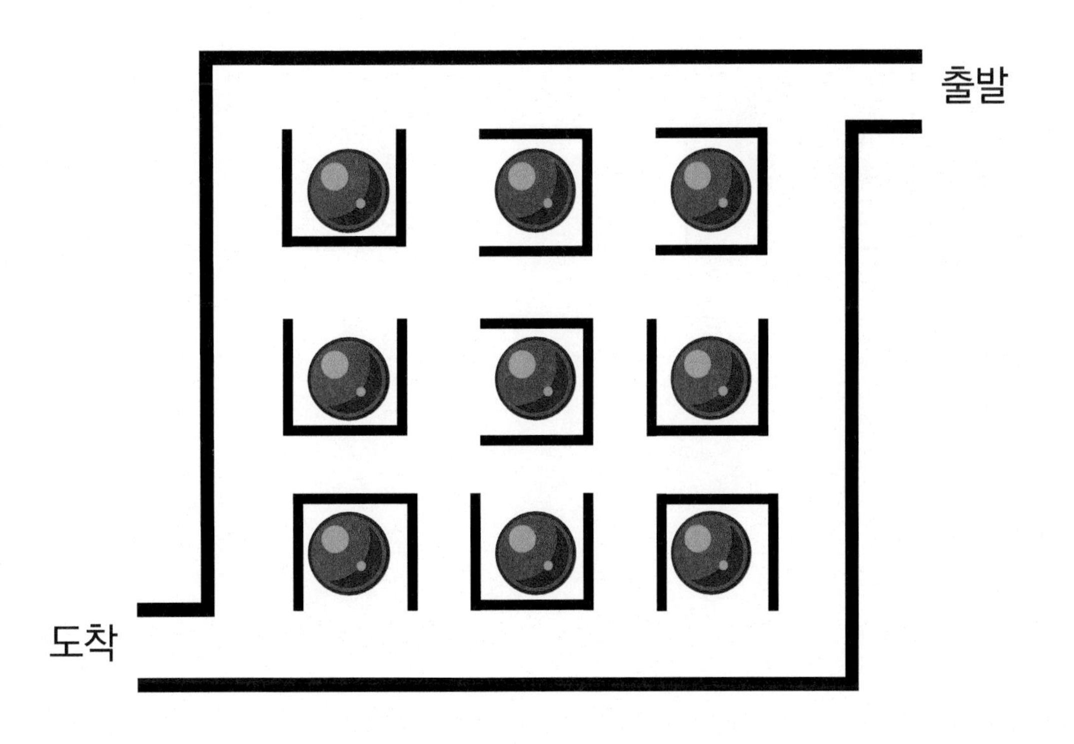

C

확인하기

01 모든 칸을 한 번씩만 지나도록 같은 색의 구슬끼리 선으로 연결하세요.

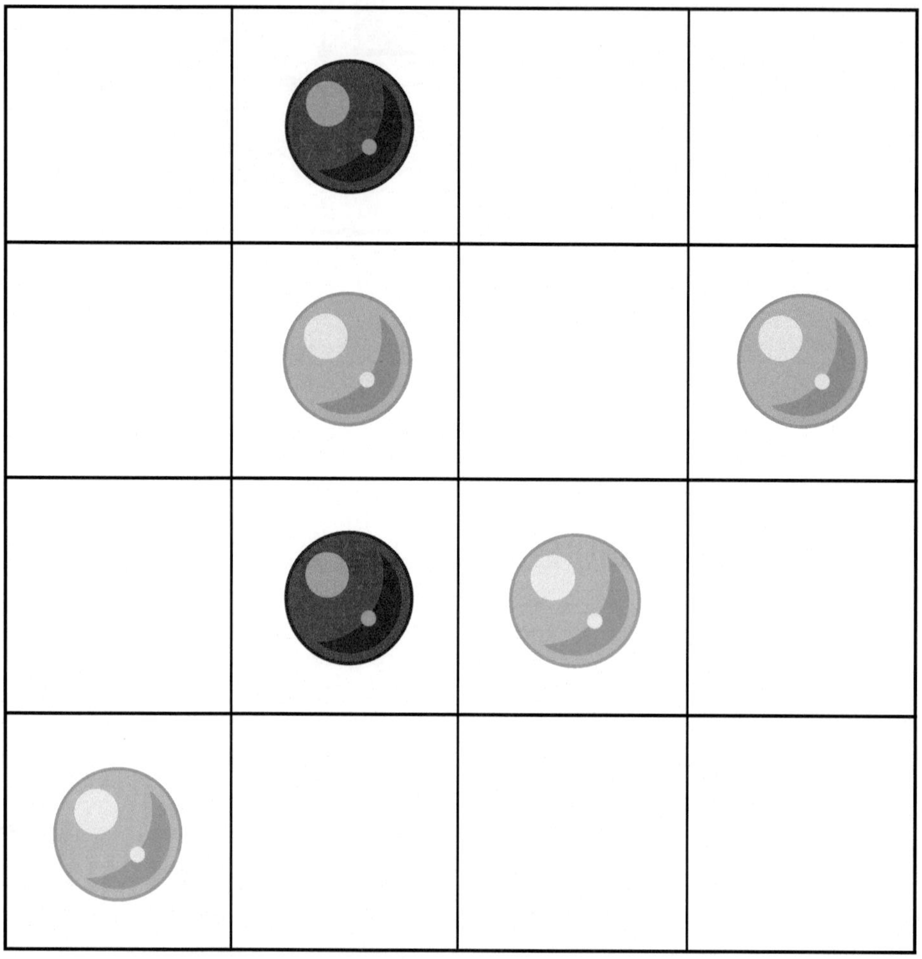

정답 및 풀이 P.27

02 줄의 두 군데를 잘라서 서로 다른 도형이 한 개씩 남게 할 때, 잘라야 하는 곳을 × 표시하세요.

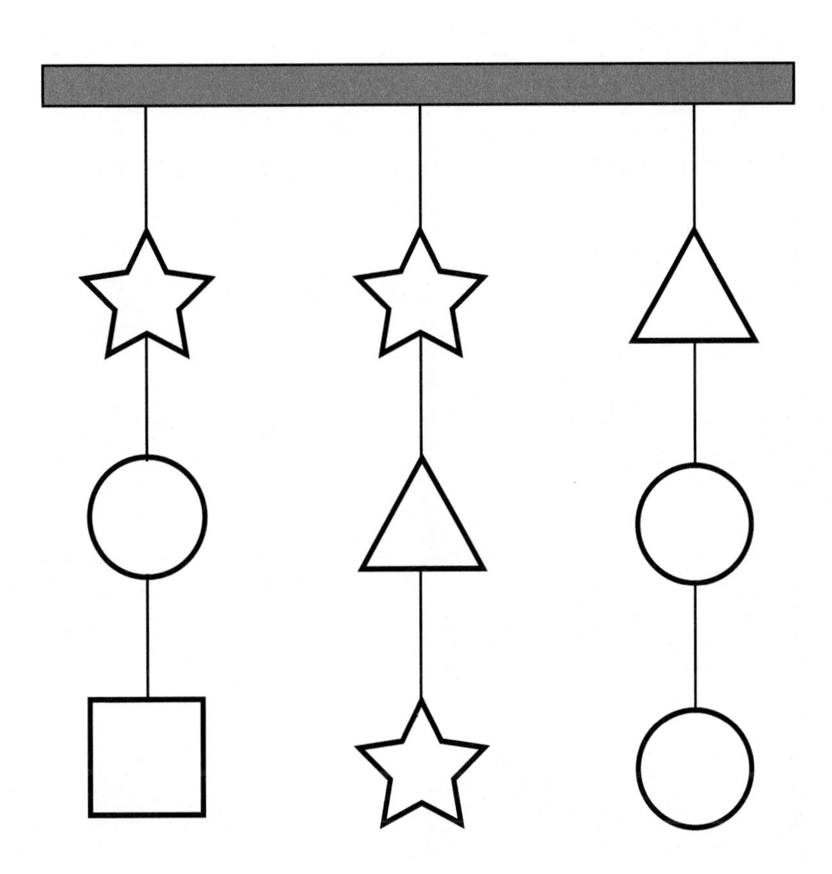

C 확인하기

03 제이가 어떤 문을 열고 나가면 미로를 탈출할 수 있는지 알맞은 문 1개에 ○표시 하세요.

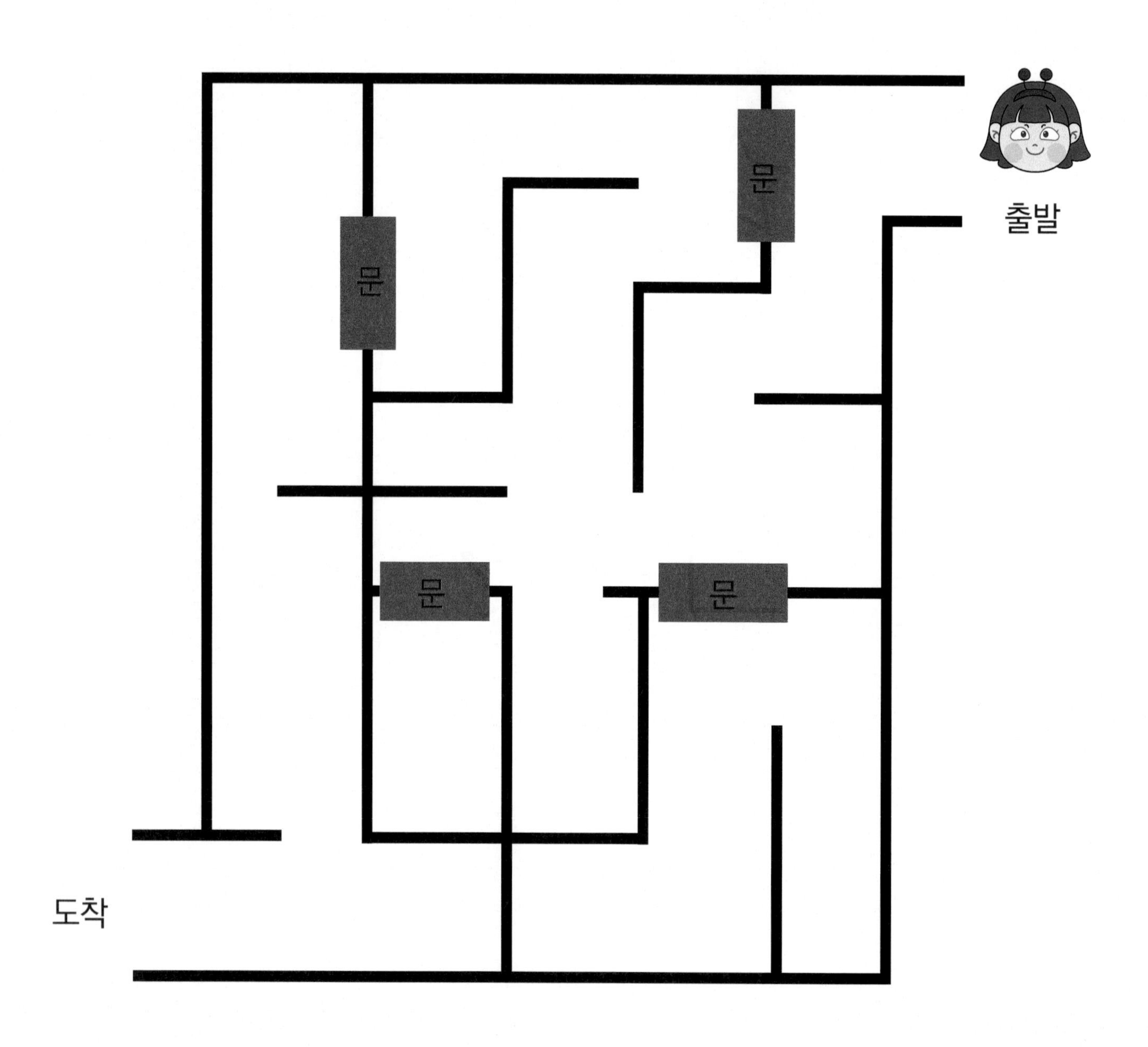

정답 및 풀이 P.28

04 구슬을 둘러싼 벽면을 따라 지나갈 수 있습니다. 출발점에서 도착점까지 가는 길을 선으로 그으세요.

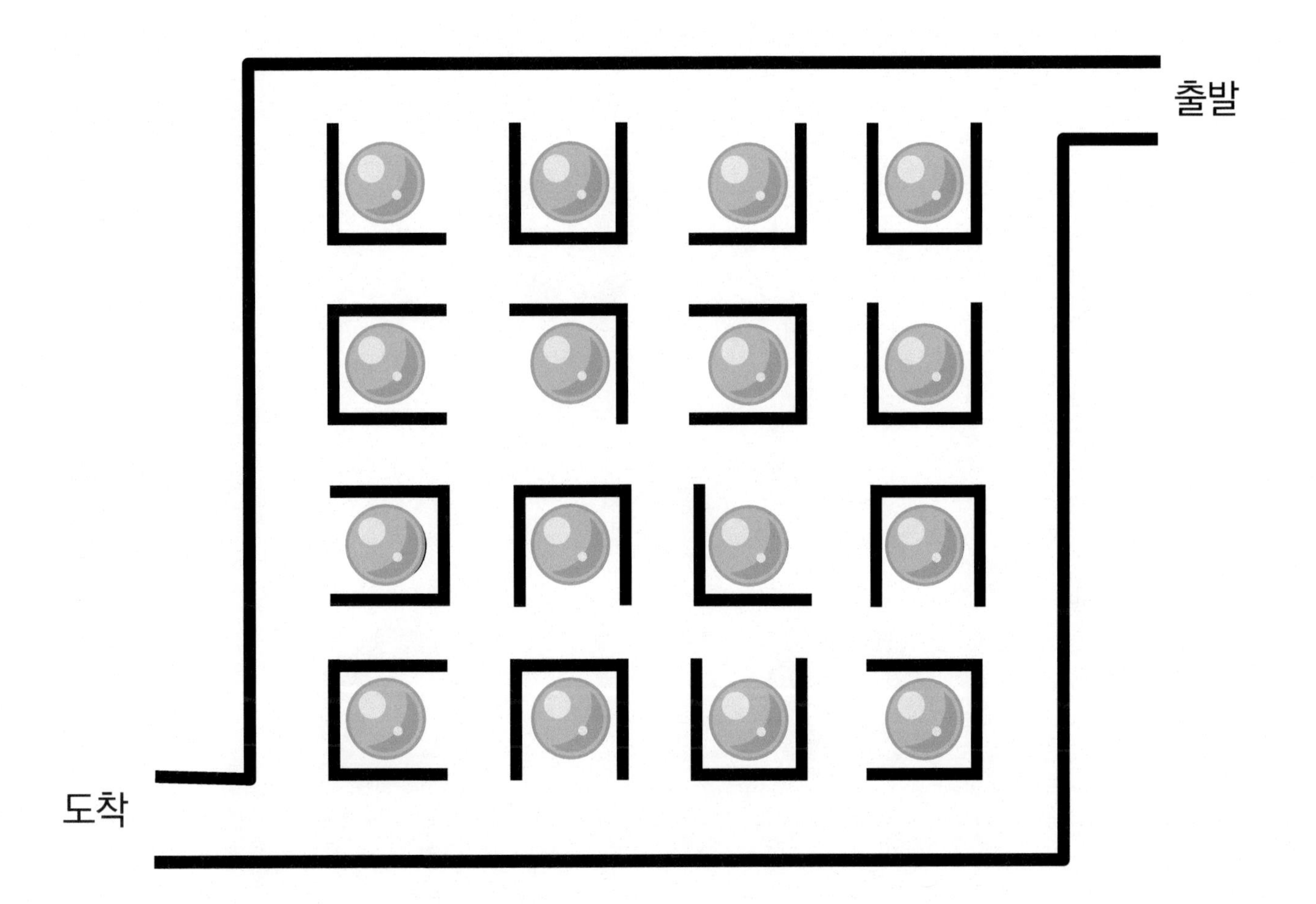

실력 쑥쑥 키우기

01 수영장에 튜브가 떠 있습니다. 선이 서로 만나지 않도록 같은 색의 튜브끼리 연결하세요. (단, 수영장 밖으로 선을 연결하지 않습니다.)

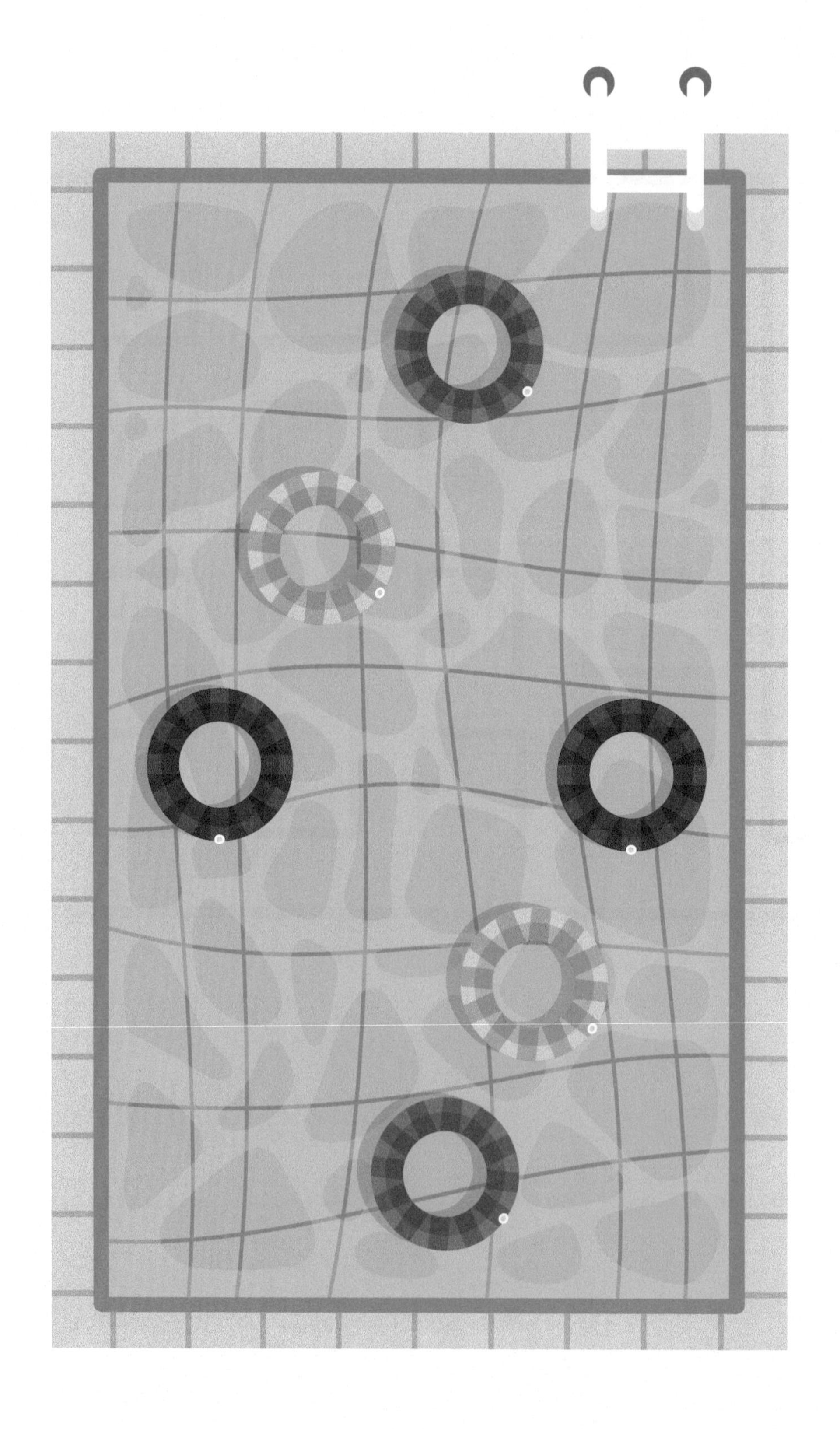

정답 및 풀이 P.29

02 무우, 상상, 알알이는 모두 학교에 지각하지 않았습니다. 대화를 보고 제이의 질문에 거짓말을 하는 사람은 누구인지 적으세요.

실력 쑥쑥 키우기

03 빈칸에 들어갈 도형을 〈보기〉에서 찾아 기호를 적으세요.

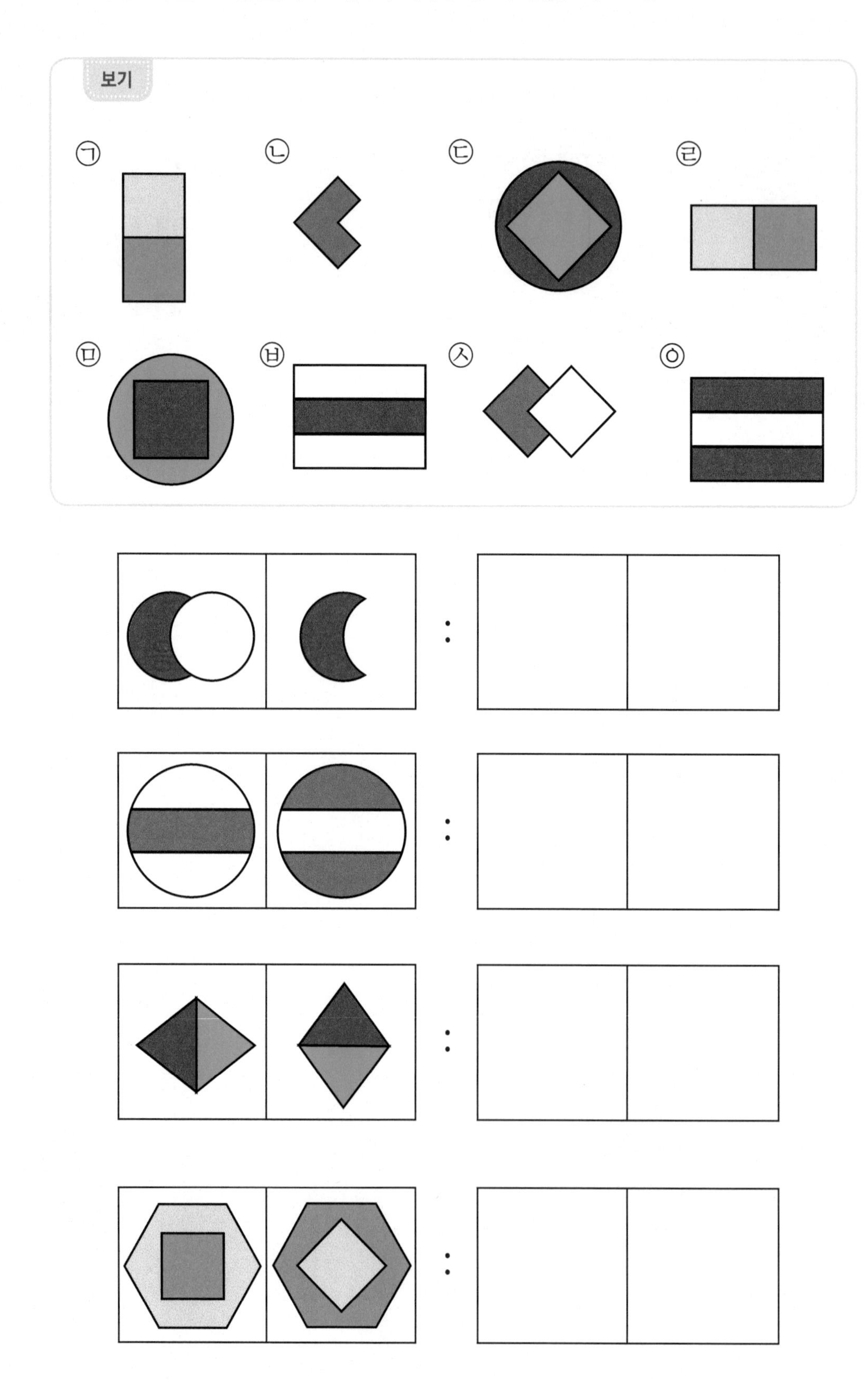

정답 및 풀이 P.30

04 무우, 상상, 제이가 각자 세 가지 과일을 한 개씩 먹고, 세 가지 음료수를 한 개씩 마셨습니다. 내용을 보고 〈표〉에 ○, X 표시를 하여 상상이는 어떤 과일을 먹고 어떤 주스를 마셨을지 적으세요.

수박 주스를 마신 사람은 사과를 먹었습니다.
무우는 포도 주스를 마시지 않았습니다.
제이는 수박을 먹고 사과 주스를 마셨습니다.

〈표〉

			무우			
			상상			
			제이			

상상이가 먹은 과일 : ________ 상상이가 마신 주스 : ________

실력 쑥쑥 키우기

05 무우, 상상, 알알, 제이가 앞을 보고 일렬로 서 있습니다. 대화 내용을 보고 알맞은 위치를 찾아 빈칸에 이름을 적으세요.

 제이 : 나는 상상이랑 무우 사이에 있어~!

 알알 : 내 오른쪽에는 아무도 없네...

 상상 : 내 오른쪽에는 친구가 3명 서 있어!

정답 및 풀이 P.31

06

창의융합문제

모든 칸을 한 번씩만 지나도록 같은 도형끼리 선으로 연결하세요.

MEMO